读懂大学，

人生职业规划从大学开始，

世界著名企业家献给大学生的经典忠告。

邢桂平 著

读懂大学，
站在职业的高处

——来自世界著名企业家的十大忠告

北京航空航天大学出版社
BEIHANG UNIVERSITY PRESS

图书在版编目（CIP）数据

读懂大学，站在职业的高处：来自世界著名企业家
的十大忠告 / 邢桂平著 . —北京：北京航空航天大学出
版社，2012.4
　　ISBN 978-7-5124-0766-4

　　Ⅰ.①读… Ⅱ.①邢… Ⅲ.①大学生 – 成功心理 – 通
俗读物 Ⅳ.① B848.4-49

中国版本图书馆 CIP 数据核字（2012）第 054848 号

读懂大学，站在职业的高处——世界著名企业家的十大忠告
邢桂平　著
责任编辑　胡性慧

*

北京航空航天大学出版社出版发行

北京市海淀区学院路 37 号（邮编 100191） http://www.buaapress.com.cn
发行部电话：（010）82317024　传真：（010）82328026
读者信箱：bhpress@263.net　邮购电话：（010）82316936
涿州市新华印刷有限公司印装　各地书店经销

*

开本：700×960　1/16　印张：12.5　字数：174 千字
2012 年 4 月第 1 版　2012 年 4 月第 1 次印刷
ISBN 978-7-5124-0766-4　定价：26.00 元

前　言

"大学者，囊括大典，网罗众家之学府也。"蔡元培先生如是说，在北京大学 1918 年的开学典礼演讲词中他亦说："大学为纯粹研究学问之机关，不可视为养成资格之所，亦不可视为贩卖知识之所。"

大学是一个塑造灵魂，培养具有独立之思想、自由之精神的知识分子的摇篮。大学是入世前的重要修炼场所。

然而很多人把上大学当成是进入社会的"踏脚板"，当成是一种"镀金"的场所，认为这样便脸上有光，便可以光宗耀祖，他们视大学如摆设，上大学只是混一纸文凭而已，于是大学变成了他们不学无术、谈情说爱、游手好闲的"公园"。大学在一定程度上失去了原有的意义，越来越多的人在这座美丽的"象牙塔"中迷失了自我，葬送了美好的青春，最终抱憾终生。

近几年来，大学生的就业形势日益严峻，温家宝总理说："无论是农民工就业，还是大学生就业，以及城镇零就业家庭就业，都时刻摆在我心里。因为我认为就业不仅关系一个人的生计，而且关系一个人的尊严。"那么，当你阅读此书时，你将开始的不仅仅是自己大学生涯的规划，更是在这个就业形势严峻的时代下进行一次有关生计与尊严的对话。

"养兵千日，用兵一时"，实际上从进入大学的第一天开始，莘莘学子就已经踏上了职场的征途。"决定用人单位是否用你并不是面试的那几十分钟，而是整个大学四年，一个大学毕业生是否具有较强的竞争力，并不是一蹴而就的，而是取决于大学四年的努力！"一位著名的职业经理人如是说。从这个意义上讲，**如果说求职是一场艰辛的征途的话，冲锋的号角在大一就已吹响。**天之骄子们，想要在毕业的时候就具备足够的核心竞争力，就必须从大一的时候就做好自己的职业规划，明确自己的职业目标。

也许让大学生从大一就把此后的四年定位于求职，显得很无奈。然而，现实总是那么残酷，**如果一个大学生不过早地规划自己的职场生涯，不进行职业热身，那么，当他毕业的时候，也许就是他失业的时候。**当下竞争的激烈程度使得大学生把职业热身提前了好几年，从大一开始就考虑今后职业的一系列问题，而不是在毕业后才去匆匆忙忙地寻找工作，思考自己喜欢什么，能干什么。如果一个大学生在毕业以后连生计都成了问题，哪里还有余力去谈理想和使命？

哈佛大学前校长德雷克·博克在《回归大学之道》一书中列举了几个特别重要的大学教育目标：表达能力，批判性思维能力，道德推理能力，公民意识，适应多元文化的素养，全球化素养……我们不会忘了大学的学校教育不是为了求职，而是为了生活。这本书要做的只是让大学生们别荒废自己的大学生活，不要在大学忙忙碌碌几年后，以碌碌无为收场，"自古不谋万世者，不足谋一时；不谋全局者，不足谋一域。"我们只是希望大学生们在人生的十字路口能够做出正确的选择和筹划，走好自己的路。

此外，我们写作此书的动机还源于当今大学生的现状：他们走进大学，摆脱了高中学业的紧张和压力，一下子身心放松，然而面对越来越多的书籍，越来越丰富的知识，他们反而不知道该学些什么了。他们对自己不学无术的现状感到内疚，对未来的就业和前途感到迷茫，更对人生观、价值观以及未来的入世有一种强大的压力感。

"不知道该学什么"，已成为不少高校学生的普遍困惑。

其实，大学校园已经俨然是半个现实社会。商业化、信息化在校园无处不在。处身在这样一个经济社会和知识经济交相呼应的时代，大学生们感到不知所措。他们不知道该如何处理学业与勤工俭学、交际、感情、前途的关系，他们感到迷茫，甚至有些人面对诱惑迷失了自我：逃课、纵欲、吸毒、泡吧、傍大款、傍富婆，这种现状非常令人担忧。

本书就是针对这一现状而作，旨在为当今大学生拨开迷雾，为他们指出一条清晰而正确的路，帮助他们正确认识自身的使命，认识大学在整个人生过程中的意义，从而重视大学，清楚大学里究竟应该学什么，应该怎么度过，特别是要积累起各种资本：做人、做事、心态、交际、理财、合作、规划的能力，让这些资本为日后的职业发展奠定坚实的基础。因而，本书对于大学生具有非常重要的现实指导意义。

愿此书为那些还在大学浑浑噩噩的学子们敲响警钟！

在本书编撰过程中，以下人员参与了创作工作，他们是：于书红、张利娟、吴会朝、吴建军、王博、李远琛、李海良、李跃芬、曹国辉、吴会霞、张东东、冯金辉、李勇华、于松伟、孙智国、齐红、马新科。

在此，对他们的付出深表谢意！

目录

目录

第9章 管理——管理是未来 事业的基石

第10章 理财——一门你不得 不学的课

第 *1* 章
自制——自制力是通往成功的安全屏障

　　自制力，是一个人控制自己思想、感情和行为举止的能力，是人区别于动物的重要标准之一。但丁说："测量一个人的力量的大小，应看他的自制力如何。"由此可见，自制是一个成功者的基本素质。

　　自制力对于每个人的一生来说都很重要，尤其是大学生群体。面临着比以往更多的诱惑，是否具有足够强的自制力抵御来自各个方面的不良诱惑，将是莘莘学子应该思考的问题。只有从大学生活中的一点一滴做起，加强磨练才能培养出强大的自制力。

严于律己是成大事的根本

"上课一排全睡，反恐如痴如醉，传奇不知疲惫，短信发到欠费，抽烟搓麻全会，白酒两瓶不醉，逃课成群结队，大学生活万岁！"这首打油诗可谓很经典地描述了当代大学生的现状。

和中学阶段不同，大学的管理往往相对宽松，没有了大考小考，没有了比赛竞争，也没有老师跟在后面要求你必须做什么，不做什么。如此一来，有很多大学生就放松了自我，他们自制力很差，上课睡觉、逃课、不遵守纪律，在大学宽松的校风里逐渐成了一个彻夜通宵，沉迷小说、网络等虚幻世界之中的堕落分子。结果，当周围的同学都有了自己的人生目标，在为自己的目标奋斗时，他们依旧徘徊在人生的十字路口，不知道路在何方，更不知道自己该做些什么。他们有的也给自己制订学习计划和人生目标，但总是由于各种原因不能实施。一次次痛下决心，却又一次次用各种借口"说服"自己，给自己放宽尺度。不知不觉大学的时间很快过去了，最终什么也没有做成，到毕业时，后悔莫及。

井植熏，日本著名跨国集团三洋电机公司的创始人。20 世纪 80

年代末，三洋在世界各地已经拥有一百多家从事制造或销售的分公司，三洋电机海外企业的生产销售总额为 5000 亿日元，雄居全日本榜首。整个三洋集团的年销售额达 110 亿美元以上。成为名副其实的横跨三大洋的跨国集团公司。井植薰成功的一个重要原因是对自己严格的自治自律。

《成功源于探索》是井植薰的著名著作，在这本书中井植薰总结了自己成功的缘由。书中第一句话就是："何谓经营之本？我认为是造就人。"井植薰认为，一家企业若想成功，必须重视人才的培养。培养人才比生产优质的产品更重要。一个企业只有有自己的优秀人才，才能由这批优秀人才去开发、制造、推销优质的产品。重视人的作用，原本是松下公司的经营思想，但是，井植薰从"松下"离开时将这一思想带到了"三洋"，并将其发展完善。

想要造就他人，先要造就自己。井植薰在三洋提出了"制造社长"、"制造总经理"的口号。因为一个拙劣的管理者是不能塑造出优秀的员工的。井植薰认为只有严于律己才能领导别人，所以在自己的公司，他做得比谁都好。例如，井植薰每天到公司的时间可以精确到秒的程度。以至于时间久了，公司大楼的门卫竟然把他当成了标准时钟。每当他的身影出现在公司大门前，门卫就会有意无意地伸手看自己的表。有时嘴里还会说："今天我的表怎么慢了一分钟"。他持之以恒地严格遵守公司的纪律，员工看在眼里，也就丝毫不敢懈怠。

三洋人还给井植薰起了一个长长的外号"一个月出差48次的人"。为了学习最先进的技术，他常常一天内走访几个国家。因此获得这个外号。井植薰的"欲善人，先律己"的观念，已被三洋全体员工所接受。

井植薰一直认为，一个领导者只有严于律己，才有资格去要求别人。而只有当员工成为优秀的人才时，他才会懂得如何造出优秀的产品，这样企业才能壮大。正是在井植薰严于律己的精神的指导下，三洋才能在如此短暂的时间内，创造出那样多的奇迹！

井植薰能够带领三洋集团成为一个横跨三大洋的跨国公司，很重要的一个原因就是他能够严于律己，给自己的员工树立了一个良好的榜样。

严于律己是一个成功者的基本素质，一个人如果没有自制力，就很容易放松自己，滋生很多坏毛病，无法严格约束自我做正确的事、正确地做事，如此便有可能偏离成功的轨道。

在哈佛大学，有一个这样的故事：

一位老师有一次问一个学生，为什么他没有把指定的功课做完？

那学生回答："我觉得不太舒服。"

老师说："我想，有一天你也许会发现，世界上大部分事情，都是由觉得不太舒服的人做出来的。"

人区别于动物的地方就在于，人是有自制力的，如果一个人不懂得运用自制力规范自己的行为，那他就失去了与别人竞争的机会。因为，"觉得不太舒服"已经让他放弃了自己该做的事。

现在很多大学生自制力差，不能够严于律己，这样不仅影响他们学业的完成，而且对他们将来的发展也极为不利。试想，如果一个人没有自制力，那么在他工作之后，也可能将这个坏习惯带到工作中，那么迟到、早退、请假、拖延、敷衍势必成为他的家常便饭。而这样一个毫无"规矩"、毫无纪律的人又如何得到企业重用，事业一帆风顺呢？

所以，从大一开始你就应该锻炼自己的自制力，将其培养为一生的好习惯，这对你今后的职场之路将是大有裨益的。

【企业家忠告】

1. 为自己制定一个详细的计划

从今天起，为自己的大学生活制定一个计划，它可以包括你的学习、个人发展等很多方面，它可以详细到每一天甚至每一个小时，这样你就会清楚地知道你需要做什么，而且你在做事时就不会没有方向和时间观念。

2. 严格执行你的计划

再完美的计划想要起作用，都需要你严格地执行它。不要因为某一件事轻易改动你的计划，要知道，一次更改往往会带来第二次，尽量严格地执行它，你会受益匪浅。

3. 珍惜时间

一个人成功的第一步往往是从对时间的重视开始的，一个不遵守时间，不珍惜时间，随意浪费时间的人只能在时间的长河中慢慢被淘汰出局。

4. 凡事不要为自己找借口

很多时候，你放弃了自己的梦想或者努力方向，是因为你自己给自己找了借口。习惯于给自己找借口的人就是在为自己的无能和失败"开脱罪责"。

学会控制自己的情绪

美国心理学界在对"情绪管理"的研究中指出：情绪与成功紧密相连，能否控制情绪是决定一个人成败的关键因素。

著名作家肯·布兰佳尔也认同控制情绪的重要性："你可能每天只用一分钟来管理自己的情绪，换回来的却是高效的工作和幸福的人生。"

懂得控制情绪对一个人的成长和成功来说非常重要，然而，现在很多大学生不懂得控制自己的情绪。比如：有些大学生在与他人发生矛盾、被他人误解、失恋或者学业受挫时，常常不能快速地调节自己的情绪，以致让自己很长时间都沉浸在不良情绪中，影响了学习和生活；还有一些大学生平时因为一点小事就对周围的朋友和同学乱发脾气，导致大家对他避之唯恐不及，人缘变得越来越差；还有些大学生因为某些事情情绪失控而伤害他人，最终酿成了不可挽回的悲剧。

深圳万科企业股份有限公司的创始人、现任董事长王石，不仅仅喜欢在商海中扬帆航行，同时还是一名登山爱好者。2003 年，王石作为中国珠峰登山队队员成功登顶珠穆朗玛峰，成为目前中国登顶珠峰最年长纪录创造者。

王石能登上珠峰除了他良好的身体素质，还因为他能够很好地控制自己的情绪。在攀登珠穆朗玛峰之前，登山教练就告诫所有的队员，登山者最为重要的一点就是要保持足够的体力，每天都有充足的睡眠，还要注意合理的饮食，并做好保暖。王石把教练的话都记在了心中。

王石有一位队友，身体素质很不错，很有希望登上峰顶。但是，这个队友最后却没有登上珠峰。因为他特别容易兴奋，一听到有好风景就会情绪激动地跑去看，还不能按时睡觉。在海拔 8000 米以下的时候，他这样做，还没有什么问题。可是到了海拔 8000 米以上之后，他的身体就出现状况了。最终，这位原本很有希望登峰的队员由于不能控制自己的情绪而过度消耗了体力，只能遗憾地止步在8000米处。

但是王石却严格按照教练叮嘱的去做——纵使外面的风景再美好，他也会按捺下心中的兴奋，按时休息，让自己保持充足的体力，决不跑出去多看一眼。每次，王石还克制住心中的厌恶涂上那令人难受的防晒油；为了保持体力，不管食物多么难吃，他都让自己咽下。终于，王石在自己48岁那年征服了珠峰，令很多人感慨不已。

因为良好的身体素质和对自身情绪的合理控制，王石顺利地登上了珠峰。

情绪对我们能否愉悦地做事甚至能否成功都起着很大的作用。

"冲动是魔鬼！"《水浒传》中的青面兽杨志，盘缠用完了，只有拿了祖传的宝刀去卖。可是却遇上了有名的泼皮牛二，牛二对杨志百般刁难。被激怒的杨志一时性起，把牛二杀了。虽然杨志泄愤了，可是也被打进了死牢。

在未来的职场中，冲动也会让人尝尽苦头。一个动辄冲动的人很难在职场人际中受人欢迎，他们或许会在冲动之下敷衍工作，或许会在冲动之下顶撞老板、与同事结怨，或许还会在冲动之下与客户发生纠纷，这都不是成功职业人的表现。

社会学家的研究表明，在一个人成功的道路上，阻碍他获得成功的不是缺少机遇或者是资历太浅，而是不懂得控制自己的情绪。一个人想要快乐地生活，20%靠智商，80%靠情商。而情商中最重要的一点便是控制自己的情绪。

所以，理智做事才是聪明人，这个社会不要求每个人都是成功者，但却希望每个人都能理智处事，如此便能减少人际摩擦，并有利于提高做事的效率。

很多大学生不懂得控制自己的情绪，这不仅仅会影响他们的生活和学习，对他们的心理健康发展也很不利，并且还会影响到他们未来的职业生涯，因为在职场中随意流露情绪是件很危险的事，它会让你的上司觉得你对工作有怨言，不可重用，也会让你的同事受到你坏情绪的影响而感到心情糟糕。所以，大学生在大学时就要锻炼自己控制情绪的能力。

【企业家忠告】

1. 学会调节情绪

当你因为某件事情情绪不好时，最好的办法是把注意力放在别的事情上。不妨跑跑步吧，在奔跑中，你会慢慢忘记不快，让自己的情绪得到缓解。

2. 懂得合理排解

当情绪不好时，千万不能通过对他人的伤害或对自己不利的方式来排解不良情绪。此时，找亲密的朋友聊聊天，讲出你的不快会是一个好办法。

3. 任何时候都不要乱发脾气

除了你的父母，很少有人会容忍你的坏脾气。也许，他人会原谅你偶尔一两次的坏脾气，但次数多了，无论你如何补救，都会让周围的人慢慢远离你。

不要做金钱的奴隶

"理想理想，有利就想；前途前途，有钱就图"这样的顺口溜代表了一部分大学生的价值观。大学生原本是思想纯洁的群体，也是清高的知识分子的代表。但是，有调查发现有近三成的大学生有"拜金思想"："朋友要找有钱人"、"要嫁就嫁有钱人"、"找工作先问多少钱"成了流行的校园口头禅。

拜金、贪图享受几乎是当代大学生的通病。手机要新款，电脑要手提，衣着要时尚，鞋子要大牌，包包要名贵，原本学习的场所，在某些大学生眼中却成了炫富攀比的赛场。更有一些女大学生为了金钱不惜做小三，求包养，令人痛心！

这样的人在离开校园之后，也大多难改拜金恶习。要么在确定职业方向时，将待遇和薪资放在第一位，几年之后虽挣得些许金钱，但却失去了很多事业机遇；要么在追逐金钱的道路上欲望过多，走上违法犯纪之路；要么为了金钱牺牲健康，牺牲尊严，牺牲人格……

美国石油大王洛克菲勒在不到50岁的时候就成了亿万富翁，他曾是美国历史上最富有的人。但是他却认为自己只是财富的保管人，所以，他更愿意将财富捐献给大众。

每天找他捐钱的人都很多，无论何时何地，甚至上班和用餐的时候，都会有人找他捐钱。有一次，在一项捐款之后，一个月内请求捐款的人却有增无减，人数达到五万人。洛克菲勒并不会因此而厌烦或不再捐款，但是由于他要求每笔捐款都必须有效地使用，所以，每一笔申请都会严格地审查，面对那样多的求助者，他感到很焦虑。

他的助手盖兹对他提出忠告："你的财富如雪球般越滚越大，你必须散掉它，不然，它会毁了你的子孙。"洛克菲勒非常同意助手的忠告，但是，请求捐助的人太多了，他一定得先弄清他们的用途才能捐钱。为了解决这件事情，他决定成立一个办事处，专门处理捐款审查事宜。洛克菲勒自己没有时间处理这件事情，于是他拜托最为信任的助手做了一个调查报告，并根据这个调查报告于1901年成立了"洛克菲勒基金会"。哲学家史威夫特说过："金钱就是自由，但是大量的财富却是桎梏。"洛克菲勒深谙这个道理，他一生之中共捐了七亿五千万美元，他的捐助，不是为了虚荣，而是出自至诚；不是出于骄傲，而是出自谦卑。

洛克菲勒一生不做金钱的奴隶。他喜爱各种体育活动，滑冰、骑自行车与打高尔夫都是他的最爱。到90岁的时候，他依然身心健康，耳聪目明，感觉自己的生活充满了幸福。在98岁那年，他去世了，只剩下一支标准石油公司的股票。他的其他产业都在他生前被捐助或给予继承者了。

到目前为止，洛克菲勒家族已经富过六代，比起其他富不过三代的豪门望族，洛克菲勒家族算是一个奇迹。而这个奇迹的产生正是因为子孙后代继承了老洛克菲勒对于财富的态度。并且到今天为止，洛克菲勒捐赠出来的财富仍旧影响着美国人的生活。

洛克菲勒能够拥有健康快乐的生活，并不是因为他拥有庞大的财富，而是因为他从不把自己当作金钱的奴隶。

金钱作为社会财富物化的标志，作为个人生存的必需品，对人有着重要的作用，但它并不是生活的全部，也不应该成为一个人一生的追求目标。

没钱，并不代表着就不会有幸福，追求精神上的富足也是一种幸福。只要你稍加留意，你就会发现：大都市里那些住别墅、开靓车的所谓有钱人不一定都快乐；而乡下那些围在一起晒着太阳、谈天说地的农民却笑得很欢畅。有些人在物质上已经很富足了，但在精神上却是贫穷者；而有些生活在乡村的民众，尽管生活简朴，一日三餐都是粗茶淡饭，但是他们生活得平和安静，幸福美满。所以幸福与金钱并无直接关系，关键要看一个人对待金钱的态度。

"口袋空空空一时，脑袋空空空一世。"人生最可怕的不是物质财富的匮乏，而是缺少精神财富。如果满心都是金钱，整个人生都在为金钱奋斗，这样的人生又有何意义可言呢？当一个人成了金钱的奴隶，他也就失去了自我的一切。

有的大学生在找工作时一味向钱看，完全无视这份工作是否是自己喜欢的，是否对自己的发展有利，这种拜金主义的价值观只能让大学生走上危险的道路。当一个人陷入到金钱的泥潭中无法自拔时，他的才华和能力也就失去了价值。所以，大学生总体上应该对金钱持积极、认可的态度，但不要把金钱看成人生的全部。

【企业家忠告】

1. 金钱不等于快乐

金钱永远不可能给你带来真正的快乐，尤其是你拿金钱去购买快乐时。我们为了生存需要去赚钱，但没有必要因为贪欲去做金钱的奴隶。钱财，够用即可。

2. 创造的过程才有快乐

尽管为财富奋斗的过程充满艰辛和苦难，但是这艰辛的过程将会成为人生中金钱买不到的财富。天下没有免费的午餐，别人给你的任何东西，你都要付出代价，只有自己创造的才能安心享受。

强制自己克服坏习惯

大学原本是让人更优秀、更进步的地方，但是，由于大学独特的宽松环境，很多大学生不擅长管理自己。他们读大学，也读出了一些坏习惯。

很多大学生称自己具有经常性逃课，上课不做笔记，做事情喜欢拖到最后一刻再做，过于依赖网络，凡事喜欢向同学求助，从不去图书馆等习惯。

有些大学生戏称自己的大学生活是"早上起来是包公，上课是周公，考试是叶公，中午吃饭是关公，晚上天黑是济公。"他们平时用玩乐填补不愿意学习的时间，借口是自己没有适应大学生活。他们白天不好好学习，甚至不去上课，晚上则开着没完没了的座谈会不睡觉；业余时间多数用来玩乐，闲得无聊就和朋友煲电话粥。日子过得浑浑噩噩，生活没有目标和方向。

毕业之后，这些人也大多将这些坏习惯延伸到了职场中，给事业发展带来或大或小的阻力。

保罗·盖蒂，前世界首富，曾连续20年保持美国首富地位。保罗·盖蒂商战谋略高超，在和美国"石油七姐妹"的鏖战中，建立起了自己的石油帝国，被称为"石油怪杰"。

保罗·盖蒂有句名言："好习惯让人立于不败之地，坏习惯则让人从成功的宝座上跌下来。"有一段时期，保罗·盖蒂抽烟抽得很凶。他在法国度假的时候，有一天晚上，下起了大雨，道路泥泞，十分不好走，他开了几个小时的车，感觉累极了，于是就近找了一家小旅店投宿。吃完晚饭，他回到自己的房间倒头就睡。但是天还没有亮的时候他就醒来了，此时，他很想抽一支烟。他打开灯，在床头找烟，但是没有。他不得不下了床，翻遍了衣服口袋和行李袋，但是连一根烟头都没有找到，这让他感到失望极了。因为他清楚这时旅馆的酒吧和外面的餐厅都没开门，而把不耐烦的门房叫醒，是不可能的事情。

为了满足自己的烟瘾，保罗·盖蒂决定起床穿好衣服，到6条街之外的火车站去。可是，他忽然想起自己的汽车停在离旅馆还有一段距离的车房里，车房已经关门了，凌晨六点才会开，外面现在还下着雨，这个时间段也不可能叫到出租车。但是，在烟瘾的驱使下，盖蒂还是下了床，穿好衣服，准备冒雨出去买烟。然而，在他准备伸手拿雨衣的时候，他忽然感到自己的行为实在是太荒唐可笑了。盖蒂站在那里，反思自己的行为。一个受过教育的知识分子，一个商人，一个自诩有足够智慧对他人下命令的人，居然管不住自己的欲望，为了一根香烟，离开舒适的旅馆，半夜三更冒雨出去。

这时，保罗·盖蒂第一次注意到，自己早已养成了一个不好的习惯，那就是为了一个坏习惯的满足，他可以放弃极大的舒适。他清醒地认识到自己的这个习惯将会对自己影响很大，所以，他很快就做出了一个决定。他走到桌边，把烟盒扔了出去。然后心情轻松地换上睡衣，回到舒服的床上。心中有种解脱的感觉，甚至还有一种胜利的感觉。他满足地关上了灯，伴随着窗外的雨声，睡眠香甜。从那以后，保罗·盖蒂就戒了烟。

保罗·盖蒂强制自己克服了坏习惯，这帮助他获得了事业的成功。

美国心理学家威廉·詹姆斯说："播下一个行动，收获一种习惯；播下一种习惯，收获一种性格；播下一种性格，收获一种命运。"成功者和失败者的不同之处就是他们的习惯不同。好习惯是成功的钥匙，坏习惯则是失败的绊脚石。

培根也曾在书里说道："人们的行动，多半取决于习惯。一切天性和诺言，都不如习惯有力，即使是人们赌咒、发誓、打包票，都没有多大用。"

所以想要成功，你要遵循的第一个原则就是养成良好的习惯，并且全心全力去执行。现在很多大学生有很多坏习惯，这些坏习惯不仅仅影响了他们的大学生活，而且对他们未来的成长和发展都很不利。所以，大学生一定要努力克服自己的坏习惯，培养好习惯，这样才会有美好的明天。

【企业家忠告】

1. 强制出习惯

告别你的旧习惯绝非易事，习惯的支配力量是相当强大的，改变它们有时会是一个痛苦的过程，这就需要你具有坚定的毅力，通过自我强制来实现。

2. 自我反省

经常审视，不断剖析自我，是一件痛苦的事情，但是确实是一项最好的帮助你成功的习惯之一。这样，你就可以及时地纠正自己的不良做法，在它尚未成为你的一个坏习惯之前矫正它。

3. 汲取别人的经验教训

坏习惯很多人都有，别人的经验教训应该成为你的一面镜子，以他人为鉴，你的许多坏习惯就不会养成。

学会选择，学会放弃

　　时代的进步，社会的发展，给当代的大学生们带来越多的机遇和空间，然而，看似多样的人生选择却与各种压力互相交织。所以，如何做正确的取舍成为越来越多大学生关注的问题。

　　在面临各种选择时，有很多大学生感到迷茫，或者做出了错误的人生选择。如：很多大学生不懂得在自己的校外活动和个人学业中做出选择；面对社会，很多大学生不知道做哪些事情才是对自己有用的；有些工科大学生很喜欢文学，但是认为看这些书对自己没用，就选择放弃；有些大学生在面临两个机遇时，不懂得舍弃其一。

　　沈国军，中国银泰投资有限公司董事长兼总裁，银泰百货集团有限公司董事局主席，中国商业联合会副会长，大自然保护协会(TNC)中国区理事。银泰集团横跨商业零售、地产、资源和投资等产业板块，控股4家市值数百亿上市公司，拥有100余家下属全资或控股公司，员工6万人，已跃入中国民营企业领先行列。沈国军能够取得今天的成绩，按照他自己的说法就是懂得如何合理取舍的结果。

　　1997年，正值亚洲金融风暴，沈国军却丢掉了别人眼中的金饭碗——银行的工作，做了一个当时周围人都不解的举动——下海经商，成了一个民营个体户。然后从13年前开出杭州武林路上的第一家银泰百货，到如今拥有4家上市公司和遍布全国40多个省市的银泰大厦的"银泰帝国"，他历经商海风云起伏，做了无数次的选择、取舍。终于成为现在"银泰帝国"的缔造者，"浙商神话"的演绎者。

　　在浙江大学城市学院作报告时，有大学生问他："毕业在即，该如何面对人生选择？"沈国军说："刚出校门不要好高骛远，不要抱着一两年就能排进福布斯的宏伟理想，而应该踏踏实实地从眼前做起，做自己能做的，一步一个脚印才是真理。"他建议大学生不要一毕业就创业，而是应该找份工作，在工作和学习中积累经验。"银泰能有今天，就离不开我当初的正确选择和之前的工作经验，这些工作经历让我少交了不少的学费。"

关于如何做出正确的选择，沈国军认为鱼和熊掌不可兼得，学会放弃也是一种技巧。比如，"收购兼并"就是银泰做大做强的一个秘诀，这就是在取与舍之间的衡量。商业无非就是"买卖"二字，看似简单，但是买进哪一个，卖出哪一个就需要做出正确的取舍。只有耐得住寂寞，抵得住诱惑，懂得放弃才能得到长足发展。

沈国军能获得如今的成功，离不开他对自己人生道路正确合理的取舍。

人的一生就是不断地选择和舍弃的过程，该舍就舍，该放就放，生命才会在平衡中走向从容。正如印度诗人泰戈尔所说，当鸟翼系上了黄金，鸟儿就飞不远了。懂得选择和舍弃是一种人生智慧。无论是选择还是放弃，但求掌握全局，不因贪小利而失大局。

职场之路同样如此，在刚开始找工作时，要懂得什么才是最重要的，是挣钱，还是学到经验？有的人在选择一份工作时，总是希望十全十美，既有高薪的待遇，又能学到丰富的工作经验，还有优良的办公环境，或者良好的人际关系以及企业美好的发展前途。但是，天下没有十全十美的工作，要想得到这方面，就要舍弃那方面，哪方面都想兼顾，只能白白浪费机遇。

很多大学生不懂得如何选择，或者在该放弃的时候不舍得放弃，这对他们的发展很不利。

不懂得选择，就不能选择最有利于自己发展的人生道路，而不懂得放弃，分不清大小轻重，往往会因小失大。只有学会正确选择，才能主宰自己的命运；懂得放弃，才能成就美好的人生。

【企业家忠告】

1.合理选择

方向比速度重要，选对方向比努力做事更重要，做对事情比把事情做好更重要。所以，人生道路上，你一定要慎重选择，做对选择，才会有事半功倍的效果。

2.懂得放弃

舍弃的确是一个痛苦的过程，但是为了更高的目标，你必须学会舍弃。在峰回路转的人生征途中，面对挑战和机遇，适时的舍弃胜于盲目的执著，只有舍弃了你才能腾出时间和精力去做更有价值的事情，你才更容易成功。

3.取舍有度

舍是一种态度，取是一种本事。只取不舍，只舍不取，都不是一种明智的做法。取所当有，取其所该有，而舍其不能有，舍其不当有，舍其不必有。你才做到了正确的取舍。

适应环境，而不是要环境适应你

研究发现有六成大学生感到很孤独，有八成大学生对自己所处的环境极为不满。产生这个结果的原因是这些大学生不愿意主动去适应自己身边的环境。

大学生作为年轻的群体，对未来充满美好的期待，然而，当很多大学生发现未来没有如自己想象的那样美好时，就感到失望而不能接受。如很多大学生由于高考成绩不理想没能进入理想的大学，便灰心失望，不能做到既来之，则安之。而是对现在的学校充满不满，抱怨老师讲课不够好，学校不够大，教学楼不够气派等，总之，没有一处让他满意的。甚至一个学期都结束了，他还是不能接受自己所在的大学，当然也就不能适应这个学校的校园生活。

这些人在步入社会后，也大多难以适应激烈竞争的社会环境，而且在面临各种问题时，他们不是想办法让自己适应，而是找理由抱怨，久而久之，他们就丧失了一次次机遇，最终无法适应社会，成为局外人。

稻盛和夫，日本京都陶瓷会社的创办人和第二电电的创办人，目前这两家公司都进入了世界500强，并以惊人的速度增长。最难能可贵的是，在稻盛和夫50年的经营生涯中，他创造的企业从未出现亏损，成为商界一大奇迹。

然而，稻盛和夫的职业生涯并非起源于某个大公司，而是一个8个人的小作坊。稻盛和夫并不喜欢自己的第一份工作，但是他却依旧在自己的岗位上努力工作，并让这份工作经历成为他职业生涯的第一块基石。稻盛和夫大学毕业后进入的第一家公司是一个连年亏损的企业，这家企业因为经营状况不佳甚至不能按时给员工发工资，老板和员工之间不断地发生各种各样的矛盾。虽然稻盛和夫明白从职业道德上讲自己应该喜欢自己供职的公司，但是内心却怎么也喜欢不起来。

和稻盛和夫一起被招进来的许多同事都不喜欢这个公司，他们经常聚在一起发牢骚，不到一年，这些人都纷纷找机会离开了公司，最后只剩下了稻盛和夫还留在这家公司。稻盛和夫那些离开的同事，有的人人生道路一帆风顺，有些人很失败。稻盛和夫总结了同事的境遇发现，那些只是抱怨环境，而不愿意适应环境并认真做事的人是不会取得成功的。

明白这个道理后，稻盛和夫认为既然不能改变环境，不如把所有的心思花在当下的工作上。稻盛和夫的工作是研究最尖端的新型陶瓷材料，为了工作，他干脆吃住都在实验室里，废寝忘食地钻研了解最新的科技动态，他甚至还自己花钱订购了许多专业杂志，并去图书馆中充电学习，经常学习到三更半夜。

功夫不负有心人，稻盛和夫一次又一次地创造出新的科研成果。并且，他还不可思议地爱上了自己的工作。后来，稻盛和夫说道："到了今天，我更是强烈地感到，当时尽管有烦恼、有痛苦，我却一直孜孜不倦地、精益求精地工作着，就靠着这种持续、非凡的努力，才成就了我的事业。"

稻盛和夫能够获得成功的原因就是他主动去适应不喜欢的环境，并通过自己的努力获得了成功。

环境不会来适应你，消极地抱怨不仅无济于事，而且浪费你的时间，遏制你解决问题的主动性。所以，当面临你不喜欢的环境时，如果不能改变环境，那就只能主动地适应它。比如这个社会有很多不公平，也有很多不合理的现象，此时你要做的不是改变这种现状，而是如何让自己去适应它。

要想改变他人，首先要改变自己，只有改变自己，才能改变世界。人最大的敌人不是他人，而是自己，战胜了自己就战胜了困难。

很多大学生不懂得主动适应环境，而是单纯地通过抱怨发泄自己的不满，这样不仅毫无用处，而且对自己的发展不利。当他们大学毕业进入职场后，如果还是抱着这种态度工作，希望上司按照自己的意愿发放薪水，希望公司按照自己的想法布置环境，希望公司按照自己的想法制定制度，希望公司按照自己的爱好布置任务，希望上司按照自己的理想

分配职务……想一想，这样的事情可能吗？所以及早认识到"有些环境是无法改变的"其实是件好事。

【企业家忠告】

1.主动适应你的大学生活

也许，你目前的大学并不是你理想中的大学。但是，既然你已经来了，就把自己当成这大学的一员吧，从内心接受它，并主动地适应它，你才会有一个美好的大学生活。

2.改变别人，不如改变自己

在人际交往中，很多时候你会发现"改变别人，不如改变自己"，这不是消极地回避问题，而是积极地解决问题的方式。改变别人太难，我们只受自己掌控，改变自己往往更容易解决问题。

3.努力学习

无论你对你的大学是多么的不喜欢，都不应该放弃学习。因为对一所学校的好恶而耽误你的学业是愚蠢的做法，而知识则是不分国界的。

第 2 章
规划——良好的决策能力是发展的前提

　　一个人如果没有明确的发展目标和科学的人生规划，对未来就没有清晰的认识，即使拥有超常的能力和良好的外在条件，他也很难获得成功。大学是我们一生很重要的阶段，我们在此不断地学习，有意识地发展自己的兴趣、爱好、才能，也在此确定自己的位置，为将来走上社会做好准备。

　　《礼记·中庸》中说道："凡事预则立，不预则废"。在大学阶段，开始科学地规划我们的一生，这样，我们就可以更理性地思考自己的未来，并且更早地为未来奋斗努力，这样，我们才会更具有竞争力。

找准你的人生坐标

大学生应该意气风发，踌躇满志，但是在大学里，当经过了最初的新鲜感之后，很多大学生感觉自己的生活突然失去了方向，整天无所事事。摆脱了高中没完没了的考试，人生却忽然没有了目标，不知道学习是为了什么，大学的生活应该为什么而努力。在现今的大学校园里，"无聊""郁闷"成了大学生的口头禅。在大学生群体中，流传这样一句顺口溜："大一不知道该干什么，大二有点知道干什么却不想干，大三想干却没有时间，大四有时间却毕业了"，这是很多大学生大学生活的真实写照。

调查显示有超过五成的同学觉得大学生活很无聊，有 16.3% 的同学不知道自己为什么感到无聊，有近一半的同学是因为生活没有目标，找不到学习的动力而无聊；少数是因为理想和现实差距太大而无聊。总的来说，大一、大二的同学占多数；大三、大四占少数，上网、睡觉、谈恋爱这是很多大学生解决无聊的三种手段。

还有一些大学生在不能确定自己人生坐标的时候，把父母对自己的期待当成自己的人生坐标。但是对于这些并非自己定位的人生坐标通常很难有持续高昂的热情，往往在不久之后就失去了兴趣，重新陷入了迷茫的状态。

亨利·福特，福特汽车公司的创始人。目前，福特汽车公司已经是世界上最大的汽车产业之一。然而，关于亨利·福特进入汽车行业背后还有这样的故事。

亨利·福特出生在美国密歇根州底特律市郊的一个小城，父母经营着从祖辈起就开始经营的农场，福特作为家中的长子，被父母寄予了很大的希望，他们希望福特可以继承农场，做一个成功的农场主。然而，福特是个天生的机械师，他小时候的玩具就是各种工具。少年时期，他热衷于修理各种机械，如表和农场的机器等。17岁时，他到一个机械厂做机械师。23岁那年，为了自己继续研究机械的需要，他和父亲达成了妥协：父亲给了他40亩木材地，条件是让儿子放弃做一个机械师。就这样，亨利在家待了10年，在这10年中他结了婚，继承了父亲的农场，但是却始终没有放弃自己的发明——设计一种可以烧汽油的发动机，这样人们出门就可以不用马车了。几年后，福特搞发明砍完了农场中的木头，这时他正好收到一家电力公司的聘书，决定要到底特律去。尽管妻子克拉拉非常留恋农场这个温馨的家。然而，她还是毫不犹豫地拿起了行李，跟随丈夫来到了底特律。

1896年，亨利·福特把底特律的第一辆"汽油马车"开上了大街。1899年，37岁的他从电力公司辞职，全身心地投入到汽车行业。1908年福特汽车公司生产出世界上第一辆属于普通百姓的汽车——T型车，世界汽车工业革命就此开始。1913年，福特公司又开发出世界第一条流水线，革命化了工业生产方式。福特公司生产的T型车一度占世界汽车产量的一半。福特先生为此被尊称为"为世界装

上轮子的人"。然而，如果福特按照父母的愿望做了一个农场主，也许，世界上只会多一个名不见经传的平庸农场主，却少了一个改变了全世界的亨利·福特。

亨利·福特能够获得成功的原因就是他找准了自己的人生坐标，让自己的天赋和能力得到了充分的发挥。

人生坐标是人们对于自己人生的定位，是区分精英和平庸之辈的分水岭。前者主宰了自己的命运，后者随波逐流，枉度一生。

人生坐标是你希望能够达到的人生高度，不能找准自己的人生坐标，你的人生也就没有了努力的方向。大学是人生很重要的发展阶段，在大学时代，不能够确定自己的人生坐标，很容易让自己的大学生活陷入没有方向、无所事事的状态，那么，你就白白浪费了人生最宝贵的时光。这样的人即使在毕业之后，也难以找准自己人生的坐标，由于不懂或懒于规划，他们往往不知下一步究竟该怎么走，这种迷茫和彷徨常常伴随着刚毕业的大学生，甚至一些已经工作多年的年轻人。

所以，大学生要找准自己的人生坐标，这样才能在大学生时期最大限度地激发你的潜能，让你及早努力，朝着成功的方向前进。

【企业家忠告】

1. 全面了解自己

一个人只有对自己的性格，爱好，特长，经验，能力等各方面有一个比较全面的认识，才能找准自己的人生坐标，更好地发展自己。

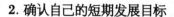

2. 确认自己的短期发展目标

在大学阶段围绕着你的人生坐标，为自己确定一些短期的发展目标，一步步地实现这些目标，你就会离自己的人生坐标越来越近，这样，你的大学生活也不会虚度。

3. 坚持不懈走下去

世界上没有不劳而获的事情，每个人的成功都不是偶然的，都需要很长时间的努力和积累。所以，当你找准自己的人生坐标后，一定要坚持不懈地走下去，无论遇到什么挫折都不要放弃，这样你才会成功。

尽早树立自己的理想

对于一个大学生来说，没有什么比树立自己的理想更重要的了，这是你自己对自己的评价和对未来的期冀。然而近来对于大学生理想状况的研究显示有七成的大学生受访者认为自己的生活没有明确的目标和方向，或者对自己未来的规划存在着一定的误区。

有不到一半的大学生对自己的未来充满信心，相信自己能够幸福，大部分大学生都是持"不确定，走一步，看一步"的观点，日常生活中常常觉得内心空虚，陷入迷茫的学生也不在少数。

百度公司的创始人，2011 年中国内地首富李彦宏在考入北京大学之前就对计算机产生了浓厚的兴趣。那时虽然他还年少，但是他已经敏锐地感觉到未来计算机肯定会得到更广泛的运用，所以报考大学时他选择了北京大学信息管理的图书情报专业。因为他认为单纯学计算机不如把计算机和某项应用结合起来更有前途，这时他已经把从事计算机工作当做自己的理想。

然而，在李彦宏真正接触到图书情报专业后，他发现，在北大，图书情报专业是被列入文科的，和计算机关系并不是很密切。李彦宏的文科成绩不差，但是他对计算机的热情更是高涨。他渴望能够学到更多的计算机知识。后来，李彦宏决定出国深造，可是西方国家更愿意接受理工科的研究生，对文科的就不那么热心了。尤其是有理工背景的中国学生，出国后在美国科研界往往很受欢迎，所以使得学数学、物理的出国容易，而学地理、历史的则出国很难。

李彦宏打听了下自己的专业情况，自己的专业在美国几乎没有相关专业。之前自己这个专业出国的大多是读完研究生才去的，有的是去结婚的。本科出国又拿到奖学金的几乎没有，这时李彦宏打算借助自己朝思暮想的计算机专业出国。可是周围人都纷纷劝解道："计算机专业需要很深的专业功底，你现在有自己的专业要学，想要出国又要忙计算机，又要忙英语，自己受得了吗？"周围人的劝解让李彦宏产生了疑虑，但他还是难以压抑对这个最前沿学科的向往，他清楚地知道计算机是自己的兴趣和理想所在。

为了学好计算机，他几乎选修了北大计算机系所有的课程。他想自己要和计算机系学生学得一样好甚至超过他们才能出国。计算机，托福，本专业的学习，那时李彦宏承受的压力是一般本科生的三倍。但是他坚持下来了，他的努力没有白费，最终李彦宏被布法罗纽约州立大学计算机系所录取。就这样，李彦宏怀着对计算机的理想踏到美利坚的土地上，而他的人生从此进入到一个崭新的世界。

李彦宏能够获得现有的成功是由于及早树立了明确的目标和理

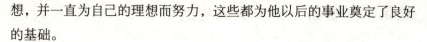

想，并一直为自己的理想而努力，这些都为他以后的事业奠定了良好的基础。

理想是一个人人生道路上的明灯，一个人想要成功，想要改变命运，树立理想是很重要的。理想是一个人对于未来的态度。有很多大学生没有理想或许还抱着"走一步，看一步"的观念，对未来没有信心，这是对于未来持消极态度的一种做法，对应的只能是平庸的人生。想要成功，你必须有自己的理想，并督促自己努力得到它，这样你才会成功。

【企业家忠告】

1. 相信自己

你必须相信自己能拥有成功，不要怀疑自己有实现目标的能力。否则会削弱自己成功的决心。你憧憬着未来，并相信自己的未来，其实就是在朝着成功前进。

2. 不要迷信他人

每个人都有自己的理想，你不要迷信他人的理想比自己的高明，也不要迷信他人的眼光。

3. 为理想而奋斗

当你树立了理想的那一刻，你就要下定决心为它而奋斗，也许，为理想奋斗的道路并不平坦，但是当苦尽甘来实现理想的时候，你会发现，你收获的不仅仅是成功，还有个人价值的实现。

职业生涯规划——事业成功的第一步

尽管很多高校都开设了包括"职业生涯规划"在内的就业指导课，但是很多大学生的职业规划意识还比较淡薄。有很多大学生仍然存在着盲目就业，跳槽频繁等现象；在找到第一份工作后，有近50%的大学生选择一年内更换工作，两年内大学生的流失率接近75%，很多人在找第一份工作时仅仅是跟着感觉走，很少有人了解自己的个性和能力。

只有极少数的大学生知道自己职业发展面临的优势和劣势，仅有8%的人清楚地知道自己喜欢什么和不喜欢什么职业。正确的职业选择应该兼顾兴趣、爱好和未来发展空间。但是事实上仅有17.5%的人在择业的同时考虑了这两个因素。

杨澜，现任阳光传媒投资控股有限公司主席，很多人都说杨澜很幸运，从著名节目主持人到制片人，从传媒界到商界，她的每一次转型都很成功。然而，杨澜却说："一次幸运并不可能带给一个人一辈子好运，人生还需要你自己来规划。"

杨澜的第一次转型开始于央视的节目主持人，1990年，中央电视台《正大综艺》节目在全国范围内招聘主持人。杨澜以其自然清新的风格、镇定大方的台风及出众的才气脱颖而出，从此踏上了主持人之路，在央视主持人生涯中杨澜获得了"十佳"电视节目主持人、金话筒奖等荣誉。四年的央视主持生涯带给杨澜的不仅仅是许多人一生都无法企及的知名度和注意力，还开阔了杨澜的眼界，更确定了她未来的发展方向。

1994年，当人们还沉浸在杨澜独特的主持风范中时，她做出了一个令人惊讶的决定：辞去央视的工作到美国留学，开始了她的第二次转型。异国他乡的留学生涯虽然艰辛，但是，杨澜却接触到了许多成功的传媒人和先进的传媒理念。业余时间，她与上海东方电视台联合制作了《杨澜视线》。杨澜借助这个关于美国政治、经济、社会和文化的专题节目实现了从一个娱乐节目主持人向复合型传媒人才的过渡。

1997年，杨澜学成回国选择加盟凤凰卫视中文台，开始她的第三次转型。在凤凰卫视的两年，杨澜有了质的转变，她不仅拥有了世界级的知名度、多年的传媒工作经验，而且通过《杨澜工作室》，一共采访了120多位名人，这些重量级的人物都成了她日后重要的关系资源。1999年，杨澜退出凤凰卫视，准备打造一个阳光文化的传媒帝国来实现她过去不能实现的媒体理念。2000年她收购良记集团，更名为阳光文化网络电视控股有限公司，成功借壳上市。

由央视的名主持到留学生再到凤凰卫视的名牌主持，再到阳光卫视的当家人，最后是一位文化经营商，杨澜不断转换自己的角色，但是"万变不离其宗"，杨澜始终聪明地把自己定为"传媒人"，所以，她的变化带来的是自己的不断提升。

杨澜能够成功地实现一次次转型，除了她自身不断地努力，还有一个重要的原因就是她为自己做了科学的职业规划。

进行科学的职业规划可以更深刻地了解自己，探索出合理、可行的职业发展方向，这样就为自己的行动做好了定位，有助于一步步实现自己的目标。

面对时代的发展和激烈的竞争，大学生如果不能把握时代和环境变迁的脉搏，"空有满腔热情，却投保无门"，最终只会一事无成。及早地进行职业规划可以使大学生更早地进入职业角色，可以实现大学生学业和职业的良好对接，不至于在毕业时还找不到自己的方向。

所以大学生要正确认识自己的特性和潜在优势，对自己的价值进行定位，避免盲目择业。并且，无论今后从事什么样的职业，从事什么样的工作，只有通过科学的职业生涯规划才能使个人目标得以实现，事业取得成功。

【企业家忠告】

1.正确的职业理想

你将来选择什么样的职业以及怎么样选择职业，通常是以职业理想为出发点的，所以要使自己的职业理想和社会环境及自身的实际情况相结合，这样才具有现实的可行性。

2.正确进行自我分析和职业分析

要做正确的职业规划，首先，你要对自己的职业兴趣、气质、性格进行全面认识，清楚自己的优势和特长，这样才可以避免职业规划中的盲目性。

3.培养职业能力

一般来说，你的综合能力和知识面的宽广程度是用人单位决定是否选择你的依据。在大学生活中你要着重培养你的各方面能力，并尽量完善自己的知识结构，这样才更容易在激烈的竞争中胜出。

求职要根据自身实际情况

大学生找工作的过程，不仅仅是争取个人经济独立的过程，也是和社会对接的过程，同样是理解社会思索人生的过程。

　　关于求职，有很多大学生不能根据自身的情况来考虑。有些大学生求职的时候盲目求高工资，高职位，好环境，他们对于工作的要求是平时安逸生活的缩影。他们用学校的安逸生活去衡量每一份工作，如果用人单位不能满足他们的要求，他们就看不上。这些大学生很看重待遇，只要待遇不好，他们就会毫不犹豫地一次次放弃机会。但是当他们真找到一个待遇好的职位时，往往又因个人能力不能胜任这个职位，被用人单位回绝。

　　全球著名的投资商、股神，当今的世界首富沃伦·巴菲特不仅仅在选择股票投资上有自己独到的见解，在求职上也有一番不凡的见解。巴菲特坚持认为：求职要根据自己的实际情况和兴趣。

　　巴菲特对每一个要离开公司到别处求职的职员都给予这样的忠告："我想，你们一定明白我的意思。当你离开我这儿去找活干时，一定要找一份符合自己情况，并且自己也很喜欢的工作。不要为了给自己的简历贴金而找工作。你可以找份你很热爱的工作，过些日子再跳槽。拥有你热爱的工作，你每天早上会兴奋地从床上跳起来……当我从哥伦比亚大学刚刚毕业的时候，我决意要为葛拉汉工作，为了这份工作我甚至不要报酬，因为我感觉它适合我。并且我也热爱它，但是，葛拉汉仍认为我不够格。后来，我去了奥马哈，卖了三年的证券，在这期间，我不断地给葛拉汉写信，讲讲自己关于投资的一些好点子，并请求他允许我为他工作。终于，我和他在一起工作了几年，那是我一生最美妙的经历。"

　　巴菲特认为每个求职的人都应该投入到适合自己，并且自己也热爱的工作当中。每一个人都应该选择自己喜欢的职业，如果你的经济宽裕，你就更应该这样做。一份适合你的工作，你不仅可以从中得到很多的快乐，还将从中受益匪浅。你可以错过它，去做别的事情，但是做它，你会收获更多。

巴菲特说："当我开始工作的时候，我不在乎自己的起薪是多少或者诸如此类的事情。我只知道这份工作很适合我，我也很喜欢它。做一份自己喜欢的工作，也许拿到的工资比较少，但是你会觉得比做不适合自己的工作时挣到的 10 倍或 20 倍的工资还要高兴。相反，如果你选择的是自己不喜欢也不符合自己实际情况的工作，即使挣到很多的钱，你的生活也不会无忧。因为这样的话，你就会难免做一些傻事，比如在不该借钱的时候借钱，或者是在老板不允许的情况下偷工减料等等，这些对你都很不好。当你回忆起这段经历的时候，你不会为此而高兴。"

巴菲特能够获得成功的很大一部分原因就是因为他选择了自己喜欢并符合自己实际情况的工作。一个人能够成功在很大程度上是因为能够正确地认识自己，根据自身的情况选择要努力奋斗的方向。这样才会事半功倍。

有些大学生不能根据自身的情况来求职，盲目地求高待遇。用自己安逸的生活衡量现实，考虑问题，追求自己"理想"的工作时，会与现实出现一个错位。这个错位也会使这些大学生和用人单位之间，和社会之间产生一些大矛盾，而最终失去锻炼的机会。

刚毕业的大学生在求职时一定要清楚地做好职业定位，不要把待遇的多少作为选择一份工作的首要标准，而要懂得能学到工作经验，使自身得到锻炼才是最重要的。即使暂时待遇不高，只要能学到社会经验和工作经验，也是值得的。另外，不要天真地想当然，期望求职单位满足自己的要求，而是要看看自己有没有这个资格让对方给予。所以，大学生在找工作时不要把自己的要求看得太重要，要根据自己的实际情况求职。

【企业家忠告】

1. 做好自我定位

　　找工作不是你认为的简历——笔试——初面——二面——offer 这些简单的环节，并且它的第一个环节也不是简历，而是自我定位，这样你才会知道自己喜欢什么，擅长什么，清楚自己的优势劣势。这样你才能知己知彼，百战不殆。

2. 乐观看待工作机会

　　你在找工作时，不仅仅要看自己的实际情况，还要乐观地看待自己遇到的每一次工作机会。也许，这份工作不是最好的，但是它同样可以锻炼你的能力，你要好好把握它。

3. 不要太看重待遇

　　待遇是衡量一份工作是否值得做的重要标准，但却不是唯一的标准。过于追求待遇，会让你错过许多从长远来看更有发展前途的职业，而且，还会让你在现实生活中碰壁，最终被淘汰。

第一份职业要好好规划

每到快要毕业的时候，总有一些大学毕业生陷入"抓狂"状态，都快要毕业了，还没有找到适合的工作，就业竞争压力很大，很多用人单位还只愿意招聘有经验的，自己到底是先"就业"还是先"择业"呢？这是很多大学生要思考的问题。随着进入毕业倒计时，很多大学生决定先"就业"，于是匆匆忙忙地签了一家愿意要自己的单位或者是自己感觉还可以的单位，很快走上了工作岗位。工作一段时间后，有些人发现这份工作很不适合自己，不喜欢，发展空间还很小。于是，很快生出跳槽的念头。辞掉工作重新走进了人才市场。

还有一些大学生在找工作的时候，看重的是公司的待遇，并不关注自己选择职业的发展空间及是否适合自己，于是，到了工作岗位后才发现自己不适合这份工作。

喻芝兰现任远东商业银行财富管理副总经理，她在 35 岁的时候就担任上市公司的副总，除了她懂得投资自己之外，还有一个重要的原因，就是她对自己的第一份职业做了良好的职业生涯规划。

大学毕业后，喻芝兰先后做了新学友书局的编辑和电视节目"八千里路云和月"的编剧。工作几年后，喻芝兰远赴美国留学。两年后，她取得美国佩斯大学财务、营销双料硕士。

喻芝兰说自己的第一份工作应该从美国毕业起算。因为那才是她第一次认真地画一张职业生涯蓝图。喻芝兰将自己的第一份工作视为"初恋情人"。她说虽然初恋情人未必会成眷属，但是会影响到你对未来爱情的看法，所以要慎重选择初恋对象。喻芝兰的第一份工作选择了一家大公司，喻芝兰说："大公司会让自己的视野比较开阔，而视野开阔必将提升自己的品味，并且大公司的制度和处事方法也不是中小企业能比的。在大公司磨炼后，耳濡目染企业文化，即便是大公司里的小职员，其格局都比小企业里的大主管强。""宁可当大官府的丫环，也不要当小员外的大小姐。这跟井蛙不可以语海，夏虫不可以语冰的道理是一样的。"喻芝兰解释道。

1992 年，喻芝兰考取花旗 MA，MA 受训期间，必须到各个单位轮调实习，喻芝兰顶着同事"放大镜"般观察自己的压力不断学习，找到为公司省钱的办法，向上司建议用累计式印报表，免除重复打印，这个建议半年内就为公司节省了 600 万，也打响了自己的名号。

之后，喻芝兰不断升迁，6 年内担任过 14 个大小部门的主管。在第 6 年升任助理副总裁。35 岁那年，她选择到远传电信服务，成为电信企划营运部副总。

关于毕业后第一份职业，喻芝兰建议职场新人："路要走得远，'底盘'一定要够稳。放大格局认真找一家大企业做起，人生必会大不同。"

喻芝兰能够获得成功的一个重要原因就是对自己的第一份工作做了良好的规划。

第一份工作是大学生进入社会的起跑线，如何看待和把握自己在毕业后从事的第一份工作，将在很大程度上影响着整个职业生涯和今后的发展。

我们常常见到这样一种现象：在人才招聘市场，成群的大学毕业生拿着厚厚的简历，茫然地寻找着，但是却很少有人知道他们的目标，他们只是在寻找——诚然，在这个时代，能找到一份工作已经烧高香了。很多人在多次找工作碰壁后，已经不在乎找到的工作是什么了，"先工作着再说"，已经成了很多茫然毕业生的口头禅。

可是，"再说"，要到什么时候"再说"呢？很多人往往错过了最应该抓住的那份工作，倒在一份不喜欢的工作中煎熬。

有很多大学生在严峻就业压力下选择先"就业"，选择了不适合自己的工作。还有一些大学生仅仅把待遇高低当成选择职业的标准。这些对他们的职业生涯发展很不利。被"就业"后又重新开始，不仅仅浪费了自己的时间，让自己错失了更适合自己的职业机遇，还会给用人单位留下不负责、不诚信的印象。找工作应该更看重自己的职业梦想和所选职业的发展方向及发展空间，这样才有利今后长远的职业发展。

【企业家忠告】

1. 提前做好职业规划

在你选择第一份职业时，最好提前做好职业规划，这样，才能走好事业成功的第一步。

2. 第一份工作，最重要的是积淀

选择第一份职业，你最看重的不应该是待遇，而是工作中的成长。选择适合自己的职业，并在实际工作中发现自己的优劣和不足，不断提高自己的各项能力，这样，你才能快速成长。

3. 完成思维模式的转换

进入职场，你就要迅速完成学生思维模式向职业人思维模式的转变，要学会团队协作，学习职业场合的职业化行为。这样你才能提高自己的职场适应能力和工作能力。

学历与实力的平衡

每年的人才招聘会上，总是有很多用人单位抱怨当今的大学生除了学历高，其他综合素质都不甚理想。还有一些大学生除了国家颁发的一纸文凭，从他本人对知识的掌握及熟悉程度上根本看不出他的专业水平。"一个研究生，竟然连一篇像样的文章都写不好，甚至错字连篇，真不知道他们在大学学什么了。"一些用人单位这样感叹。其实，在我们身边，学历与实力不匹配的情况已经见怪不怪，也已然成了公开的秘密，造成这种现状的原因有以下几点：

有些大学生认为自己上大学的目的就是为了混个文凭毕业好找工作，所以，这些大学生仅仅把大学当成了给自己"镀金"的地方，而不是一个熔炉，他们的大学时光大部分花费在享乐上，身为大学生却很少上课，除了每学期的期末考试，他们从不出现在教室里，所以肚子里根本没多少墨水。

还有一些大学生"两耳不闻窗外事，一心只读圣贤书"，他们把大部分时间都花在读书学习上，但是，他们从不愿意去参加各种社团活动或社会实践，认为这完全是浪费时间。这些人每学期都会因自己的好成绩拿到各种奖学金，他们认为这就是自己有实力的证明，但是他们却缺乏其他一些重要的能力，比如社交能力、合作能力等。

陈茂榜，东正堂电器行的创办人，历任声宝电器股份有限公司、新力电器股份有限公司、东正堂开发投资股份有限公司董事长，台湾区电工器材公会理事长。

陈茂榜的学历只有小学毕业，但是他却有远远超出小学水平的广博知识，凡是听过他演讲的人，无不为他知识面的宽广程度和博闻强记所折服。他可以准确无误地列出世界各个国家的面积、人口、国民所得、贸易额等，甚至连脑细胞的数目他都可以如数家珍，这种记数字的特殊本事，让许多博士都自叹不如。

然而，只有小学学历的他是怎么达到这种程度的呢？这主要凭借他的实力，陈茂榜的实力来自他几十年从不间断的自我学习。陈茂榜 15 岁的时候，由于家贫，不得不辍学到"文明堂"——台湾的第二大书店当店员。每天从早到晚要工作 12 个小时，工作很辛苦，但是，老板允许他下班后可以在店里读书，顺便住在店里看守店面，所以下班后的读书就成了他的一种享受。书店成了他的书房，他可以在书店或坐或卧，自由自在地看书。长期以来，他养成了每天下班后至少读两个小时书的习惯。他依照自己的兴趣，先从小说传记读起，这种兴之所至的读书方式，不仅容易持久，而且对他的知识增长帮助很大，后来他又开始对经济类和历史类的书籍感兴趣，就这样，他在书店工作了八年，也读了八年的书。

陈茂榜说："学历固然是有用的，但是更有用的是真才实学，初进'文明堂'时，我只有小学毕业的程度。可是，八年后我离开时，我的知识水准已经不亚于大学生了。"陈茂榜虽然没有大学文凭，但他八年的自修取得了大学毕业的实力，奠定了日后经营企业成功的重要基础。由于陈茂榜的真才实学和企业上的卓越成就，虽然他只有小学学历，但是，却荣获了美国圣诺望大学颁发的名誉商学博士学位。

陈茂榜知识丰富，博闻强记的原因就是他坚持不断地学习，提升自己的实力。

学历不等于学识，学历仅仅代表你的学习经历，学历高未必知识就渊博，学历低也未必就学识浅薄。学历当然也不能等同于实力，实力是各方面能力和学识的综合表现。

当今社会"优胜劣汰"，已经进入一个凭能力、凭实力、凭智慧竞争的时代了，仅仅追求学历已成为历史。如果一个人只有学历，却没有真才实学，那么他在进入职场后，只能成为滥竽充数的多余人，迟早被扫地出门。想一想，老板雇佣一个本科生、研究生，结果能力甚至比不上一个专科生、高中生的话，那么可想而知，他会获得老板赏识而有大好前途吗？

所以，大学生们要在日益激烈的竞争中获胜，不仅仅要学历还要有实力，达到学历和实力的平衡。

【企业家忠告】

1. 学好知识

你要知道，只有你在大学的时候真正掌握了你的专业知识，你的学历才能代表你的学识。而每天抽出一些时间，多了解你专业外的知识，你才能够有较为丰富的学识。

2. 多参加社会活动实践

现在的社会竞争，已经不单单是知识的竞争，还有其他各个方面能力的竞争。在学习之余，多参加一些社团活动和社会实践，不仅可以丰富你的大学生活，更重要的是还可以提升各种能力。如交际能力和实际操作能力等。

3. 职业实践锤炼自己

大学生提升能力的方式中，最有效的莫过于直接参加职业实践，在职场中，你将有效地掌握一定的职业技能，快速成长。同时，职业经验也会成为你参与就业竞争的重要砝码。

第3章
知识——知识是一生的财富

　　学校是知识的殿堂，大学更是知识的圣地。然而当下有很多大学生进入大学之后，在汲取知识方面却减少了很多热情，他们将图书馆闲置起来，频频进入"网吧"、"公园"、"KTV"，课堂和课本对于他们只是个摆设。如此"大学"，已经完全失去了其学习知识的真正意义。

　　俗话说，知识是一生的财富，上大学，不是为了一纸文凭，更不是为了光宗耀祖，而是为了让自己成为一个知识丰富的人。积累知识，通过知识学会做人做事，我们才能更好地塑造自己，让自己成为一个全面发展的人，一个更优秀的人。

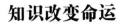

知识改变命运

近年，很多企业反映，所招聘的多数大学生知识储备越来越少，甚至连专业课的知识也不精通。

随着社会的发展，人们的观念也随之变化，拜金主义在社会上一度流行起来。在当今的大学校园里，有相当多学生已不再相信"知识可以改变命运"的圣言，而是信奉"钱才是硬道理"。"有钱能使鬼推磨"的庸俗、陈腐论调居然得到很多人的认同。

还有一部分人认为家境背景、人脉关系等是决定命运的关键因素，因此他们不愿意把时间花在学习知识上面，认为那是徒劳的。他们在大学期间的学习过程中，表现不积极，也不爱钻研知识，甚至以得过且过的消极心态来对待学习。

著名的企业家吴惠权是一个传奇人物，他现在是香港福新国际集团有限公司的董事长，香港河源社团总会主席，2009年还荣获了"世界杰出华人奖"和"美国加州国际大学荣誉博士"。有记者采访过他的奋斗经历：在数次灾难面前他都没有低头屈服；在多次转折面前他都牢牢把握机遇；在取得成功时，他没有骄傲满足，而是继续奋斗；在事业辉煌时，他没有忘记回报家乡、社会和国家。

有人问到他成功的经验，吴惠权坦诚地慨叹道："是知识改变了我的命运。"原来，出生于1956年的吴惠权，是从广东省龙川县新田镇一个贫穷落后的小乡村走出来的，由于家境不好，他并没有读过几年书，在他二十几岁的时候，靠着亲戚的资助，辗转来到了香港。最初，吴惠权在一家牛仔服装厂做杂工，后来又被人介绍到一家毛织厂做洗衫工。

工作中的吴惠权是一个非常有心的人，他勤奋上进，虚心爱学，在做普通的洗衫工时，他偷偷学习毛衫的制作技术。当时是80年代初期，懂毛织工序的人并不多，但他从来没满足自己的现状，不断地学习新知识，全面提高自己的能力，比如做账、记录订单、规划产品市场区域、设计新产品的模型图案等等。

他凭借自己掌握到的先进知识，从车间主管上升到工厂厂长的职位，再到后来他拥有了属于自己的企业。从当初的打工者到后来的管理者，吴惠权从来没有中断过学习新知识。其实，纵观吴惠权的奋斗史，我们会发现他成功的秘诀中重要的一条就是：在不断学习新知识的过程中为企业发展汲取新鲜的血液，积蓄更多的力量，并最终走上成功的道路。

大学是人一生中最为关键的阶段，这是一个系统学习新知识、形成新的价值观、人生观的重要时期。认为"知识无用"或者"金钱至上"是非常危险的思想，也是很不成熟的看法。作为一名大学生，你应该在入校的第一天起就对自己的大学生涯做一个正确的认识和规划。要知道，知识就是力量，它是我们一生的财富。21世纪是知识和信息大爆炸的时代，没有知识将寸步难行，而丰富的知识是改变自己命运的敲门砖，如此，才能拥有一个精彩的未来。

几乎每一个大学生在校期间都应该学习七项内容：自修之道、基础知识、实践贯通、兴趣培养、积极主动、掌控时间、为人处事。能够做到这七点，你就可以成为一个有思想、有潜力、有价值、有前途的大学生。

当你还是一个中学生的时候，你所获得的知识大多都是课堂上老师传授的，但大学生获得知识的途径并不仅仅限于课堂上。因为，大学里的老师只是充当引路人的角色，而你自己则是学习的主人，要通过探索和实践才能掌握到更多的知识，而仅靠课堂上显然是不够的。大学期间贮备大量的知识是你今后走上工作岗位的资本和财富，也是你开创未来事业的基石。大学是一个学习和进步的平台，知识是改变命运的根本元素，也是你受益终生的良好伴侣。

【企业家忠告】

1. 树立正确的学习思想和意识，并用正确的方法来对待大学期间的学习；

2. 主动培养学习兴趣，不断追求新的学习目标；

3. 以学习为乐趣，而不要让学习成为自己的包袱；

4. 在学习的过程中，除了要学习课本上的基础知识之外，还要学习为人处事方面的知识，努力把自己培养成一个优秀合格、适应社会发展需要的人才。

如果说命运是天上飞翔着的"风筝"，那么，知识就是掌握风筝飞得高低远近的"线"。知识就是力量，知识就是财富，只有拥有知识，才能更好地改变你的命运。

有形的知识与无形的知识都要学

身处大学校园的你，只要肯留心观察，就不难发现身边有这样两类学生：

一类学生整天抱着书本学个不停，出了教室就是图书馆，甚至在寝室也抱着一本厚厚的书，看得极其专注。你若和他打个招呼，他或许会"视而不见"，也许是因为他压根就没听见。他们认为学习是王道，并且书上的知识才是最重要的，要想学习知识，就应该把书看烂、看透。至于课外活动，或者社会实践，他们很少参加，觉得那是在浪费时间。

还有一类学生觉得，既然走进了大学校门，就不必再为高考那些应试的东西忙碌。大学的真谛不是死学书上的知识，而是多参加课外活动，以此提高自己社交、为人处世等方面的能力。因此，他们不愿意固守在课堂上、自习室里。他们也看不起那些一味抱着书本学习的人，他们愿意把时间用在社交或其他活动当中，比如校园舞会、文艺演出、社会实践等。他们通常很注重培养自己开朗活泼的心态，培养干脆利索的办事能力，以及与人交往的交际应变能力等等。他们往往认为，这些是大学里应该学到的另一类知识。

俞敏洪是新东方教育科技集团董事长兼总裁，也是中国青年企业家协会副会长和全国青年联合会委员，他之所以取得这样辉煌的成就，与他个人的勤奋和爱学习是分不开的。

当年的俞敏洪参加三次高考才考上北京大学，而且他上了大学之后成绩并不理想，甚至从原来的 A 班调到 C 班；大学毕业之后，他留在北大任教，那时候的俞敏洪因为在外做英语培训，惹恼了学校，被上级处分。当时的他，选择了走出学校，自己创业。

如果说离开北大之前的俞敏洪是个学者、教师，而之后的他则是一个商人、企业家，并且是一个非常成功的企业家。从当年曾经败北的高考学生到今天成为国内最成功的英语培训权威，已经20年了。但是这20年间，他从未停止过学习。当年他在大学期间，就努力汲取各方面的知识，很少因为懒惰而放弃。后来他走出校门办了自己的培训学校，每天的工作时间是将近16个小时。俞敏洪除了学习书上已有的知识之外，还努力学习其他方面的知识，因为经营培训学校毕竟要与社会上方方面面打交道，所以他走出校门，开始与社会上的各种组织、人群打交道，比如政府、学员等。他还很注意在平常的工作中积极提高为人处事、经营企业、领导员工等各方面的能力。

今天的他即便已经非常优秀、成功了，但还是保持了爱学习的良好习惯，比如向新东方的王强老师、包一凡老师学习，借鉴他们的长处和优点，更好地提升自己的能力和修养。

俞敏洪成功的原因之一是他非常注重学习，并且在学习书本上的知识的同时，还非常注重学习那些社会知识，如人际交往、企业经营等知识。

书本知识要学，社会知识更要学。如此，才能真正成为掌握丰富知识的有用人才。

【企业家忠告】

1. 热爱学习，拥有积极的学习心态

不断地学习是成功的基础之一。要知道，整个世界都在进步，你要想不落后于他人，并且取得成功，就要热爱学习，拥有积极向上的学习心态。

2. 双管齐下，远离偏见

无论是书上的知识还是课堂以外的知识，都是大学生在学校期间应该努力掌握的知识。作为一名优秀的大学生，你应该在掌握过硬的文化知识的同时，多参加一些课外活动，努力提高自己的人际交往能力，开阔自己的视野。知识是一生的财富，你学习到的知识越多，你为未来积累的财富越多。

3. 掌握灵活的学习途径

大学中，我们获得知识的途径是相当多的，不要仅仅拘泥于课堂上。老师的最大作用是引导，而关键还是要靠自己。因此，你应该充分利用图书馆、互联网、学生社团、校外活动等灵活多样的方式来获得各种类型的知识。

不可一业不专，不可只专一业

现在的大学生对于专业学习有以下三种情况：

一种情况是有一部分人在当初填报高考志愿时，对所选报的专业只有一个朦胧的认识，或者仅仅停留在字面的理解上，甚至有些人是随便地选了一个专业。到了大学后，他们才发现所选专业和他们想象的大相径庭。由于对本专业不感兴趣，这些人便开始在大学混日子，常常逃

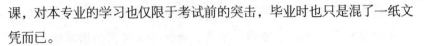

课，对本专业的学习也仅限于考试前的突击，毕业时也只是混了一纸文凭而已。

第二种情况：还有这么一种人，只要是自己的专业课一节都不会错过，一定会认真地做笔记，课后还会追着老师问问题，连选修课的时间都用来学习专业课。他们对自己的专业内容了如指掌，对本专业外的东西却很陌生也不感兴趣。

第三种情况：还有一种人属于兴趣广泛型的。大学时期不仅专注本专业的学习，同时也对其他专业感兴趣，常常到其他专业旁听，对其他专业的选修课也很重视，毕业时，常常拿的是双学位甚至三个学位。

徐新军，北京大学公共经济管理研究中心美容化妆品产业经济研究所所长，诗婷美容连锁集团董事，中视润景（北京）传媒有限公司董事长，卓锦万代（澳大利亚）健康产业科技控股有限公司总裁。徐新军能取得如此多的成就全赖于他多技傍身，不仅懂美容，而且会管理，懂得沟通。

在徐新军的著作《美容院圣经》中，他提出期盼有"一个懂美容、懂管理、懂沟通的全能店长"。换而言之，只有这样优秀的人才才能带领美容业。实际上，徐新军本人就是这样的一个人才。

1985年到1990年，徐新军在华西医科大学药学院度过了自己五年的大学时光，大学时期，他没有像周围的同学一样把心思花在玩乐和谈恋爱上，而是全身心地投入了学习，于1990年考上了本校的研究生继续进行深造。1993年，为了更好地工作和学习。徐新军在湖南医科大学卫生部出国留学人员外语培训中心进行了专门的英语培训，这为他以后的成功奠定了基础。1999年，徐新军又进入中国医科大学攻读药物分析学的博士学位。至此，徐新军对本专业的学习已经达到很高的水准。

但是想要很好地管理诗婷美容连锁集团，中视润景（北京）传媒，卓锦万代（澳大利亚）健康产业科技控股有限公司这样的企业，徐

新军明白自己不仅要懂得美容知识，还要懂得管理和沟通。仅仅懂得本专业知识是远远不够的。于是，徐新军又专门出国攻读了美国大西洋国际大学工商管理硕士，认真学习有关管理的知识，并多次参加清华经管学院、中欧工商学院及哈佛商学院举办的高级经理人研修。让自己成为一个懂美容，懂管理，懂沟通的全面人才。

徐新军的成功印证了一点：通才教育的重要性。

以往的社会用人要求人才越专越好，有"一招鲜，吃遍天"的说法，但是当今社会要求复合型人才。徐新军正是因为既在自己本专业美容上有很大的造诣，又懂得管理和沟通才获得巨大的成功。

大学校园里那种不专注本专业的学习，毕业时只混了一纸文凭的做法显然是错误的，而仅仅由于不喜欢自己的专业就在大学里混日子，不仅浪费了父母的钱财，也是对自己不负责任的一种表现，毕业时很可能陷入因无一技之长而无用人单位接收的尴尬局面。而第二种情况的大学生努力学好了自己的专业课，但是却对相关的专业无一了解，这也是不可取的，我们要选择的是第三种学生的成才之路，在大学时，努力丰富自己，使自己成为一个更具有竞争力的通才。这样，当你毕业后找工作时，才能成为抢手的人才，在职业发展中，才能受到企业的青睐。

【企业家忠告】

1. 努力学好专业课

也许你对你的专业没有兴趣，但如果你不打算调专业的话，你就必须学好它，培养对它的兴趣，因为这不

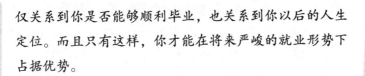

仅关系到你是否能够顺利毕业，也关系到你以后的人生定位。而且只有这样，你才能在将来严峻的就业形势下占据优势。

2. 多听名师讲座

大学的讲座是大学生不容错过的一场免费的文化盛宴，在这些讲座上你不仅可以和许多名家近距离接触，接受大师的指导，聆听他们的学术思想，而且也可以开阔自己的视野，更好地丰富自己。

3. 涉猎其他专业

现代社会要求多方面的复合型人才，那么我们当然不能对相关的专业一无所知。大学的许多资源都是免费开放的，因此，你可以去旁听别的专业的课程，利用图书馆和网络学习其他专业。

德智体美全面发展

长期以来，在升学的压力下，我们普遍接受的是一种急功近利的重智教育。进入大学校园后，虽然提倡大学生各方面均衡发展，却一直收效甚微。因此有许多大学生虽然进入大学校门成为"天之骄子"，但是因为之前只顾学习，不注意锻炼而导致身体不好，在大学阶段因此而休学。

也有一部分学生在这个俨然是半个现实社会，商业化、信息化的校园开始不知所措，感到迷茫。很多人经不起外面世界的诱惑迷失了自我：纵欲、吸毒、傍大款、傍富婆等等这些现象屡见不鲜。还有一些大学生由于道德的缺失和错误的价值观、人生观，给自己或他人酿出了一杯杯苦酒，如：药家鑫事件，马加爵事件，清华学生硫酸泼熊事件等等，都无不令人震惊。

刘永行，东方希望集团的董事长，在 2005 年《福布斯》中国大陆富豪榜上，刘永行以 11.6 亿美元排在第 5 位，获 2009 年胡润慈善榜 - 单年子榜第 47 名，2009 年海南清水湾胡润百富榜第 5 名。

作为一个富豪企业家，刘永行在对待孩子的教育上一直秉持的是全面发展的理念，尤其注重对孩子品行的教育。刘永行说："孩子从小到大，一直没有受到特殊待遇，我很少给他特别的感觉。孩子懂得父母的辛苦，懂得行善的重要性，这是我最宽慰的。"

1995 年，刘永行和妻子去美国看望儿子时发生了这样一件事：

一天，这一家三口在雷诺市的一家商店购物，当店员给他们包装商品时顺便告诉他们附近还有一家更大的商店并热情地给他们指明了道路。于是，他们决定先到那家大商店购物等返回的时候再回来取已包装好的商品。可当他们找到那家商店时发现，这家商店不仅有他们需要的全部商品，并且距离住的地方很近。妻子一时有些后悔，就想退回原商店的商品，却遭到了儿子的反对，他认为虽然没有付钱，但是店员已经包装好了在等他们。刘永行支持儿子的看法，对儿子说："你说得对，我们应该回去，那个店员热情地给我们指了路，我们不回去就是对不起自己的良心，况且这不是我们个人的事情，在店员眼里我们是中国人，我们只有以良好的品行和人打交道才能维护我们国家的尊严。"于是，一家三口身着单薄的衣服，

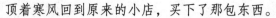

顶着寒风回到原来的小店，买下了那包东西。

在刘永行看来，他的事业和财富不是自己的，而是属于社会的，他认为传承财富，不如授之以渔。他说："在竞争的社会里，不进则退，如果没有优秀的人才，财富是不会持久的，即便我想把所有的财富传给后人，但两代三代以后也会折腾空了。世界上没有一个人可以把财富五代十代地传下去，这是一个现实的真理。"于是当刘永行的儿子学成回国的时候，刘永行并没有将事业直接交给儿子，他让儿子自己去创业来提高各方面的能力。

刘永行不仅仅注重儿子智能的发展，更注重儿子品行和实践能力的培养，这种全面发展的培养方式无疑对孩子是极其有利的。

身体是革命的本钱，如果丢掉身体的健康，即使拥有再多的学识也是得不偿失的，所以在大学时，你一定要注意锻炼身体；德是一个人做人的根本，及早培养自己的德商，会使自己成为一个受人欢迎的人；其他几个方面也涉及自我修养的完备，所以，让自己全面发展才能适应社会所需。

大学生自身各项素质的全面发展，是为了更好地在未来的职业发展中占得先机。因为，企业的发展越来越需要综合型人才，一个全面发展的人才必然会成为企业所重视的人才。

【企业家忠告】

1. 重智更重德

你可以没有很强的能力，但你必须有优良的品德。一个能力强而品德恶劣的人远远没有一个能力略差、品行高尚的人受欢迎。放眼当今社会，品德高尚的人更容易获得他人和社会的认可，也正是良好的品行才换得别人的信任，让他们获得成功。

2. 让自己全面发展

在大学努力让自己全面发展吧，无论是你的身体、智力、品行、审美及劳动技能。不要只注重一方面而忽略了其他方面，不要让某一方面成为木桶上那块最短的木板，影响你的整体发展。

3. 树立正确的人生观、价值观

树立正确的人生观和价值观，虽然听起来是陈词滥调，但是对你的成长却很重要。正确的人生观和价值观可以避免你走弯路，同时可以让你少犯错误。

上大学不仅是为了一纸文凭

一些大学生上大学就是为了毕业多个文凭好找工作。

还有一部分大学生，大一的时候，认为刚刚从高考的重压下走出来，上了大学就得好好放松，"不然上大学做什么？"于是，大一时光就在网络游戏和外出游玩中度过了，到了大二、大三的时候受到社会上"文凭无用论"的影响，认为学校里的课程设置和知识结构严重老化，学了一点儿用处都没有，干脆就完全放弃学习，出去做起各种各样的小生意，成了大半个商人，每个学期只回来参加考试，以求毕业换得一纸文凭好给父母一个交代。

比尔·盖茨，美国微软公司的董事长。他与保罗·艾伦一起创建了微软公司，曾任微软 CEO 和首席软件设计师，在 1995 年到 2007 年的《福布斯》全球亿万富翁排行榜中，比尔·盖茨连续 13 年蝉联世界首富。2011 年，比尔·盖茨以 560 亿美元资产列福布斯全球富豪榜第二位。

1973 年，盖茨进入哈佛大学法律系，在大学三年级的时候，盖茨做出了一个影响他一生的决定：从哈佛辍学。众所周知，也正是因为这个决定，比尔·盖茨才抓住机遇创立了微软帝国，并在年仅 31 岁的时候成为有史以来最年轻的亿万富翁。

然而在比尔·盖茨眼里，大学教育并不是可有可无的，上大学也并不是仅仅为了一纸文凭，虽然比尔·盖茨从未后悔自己从哈佛辍学，但是他明确提出并不提倡年轻人学习他从大学辍学创业。他说："我鼓励人们还是要完成学业，除非有一些非常紧迫的，或者是不容错过的事情。完成所有的学业会好得多。实际上，在我离开哈佛之前，我已经在那儿学习了三年的时间。那段时间令我非常愉快。"显然，比尔·盖茨认为哈佛不仅仅教给了他知识，还有许多别的东西。比尔·盖茨曾对记者说："如果我要是提前知道我会在那里待三年的时间，也许我就会提前完成我所有的学业。"

虽然比尔·盖茨从未后悔自己从哈佛辍学创业，但他也一直盼望着能重回哈佛。2011 年 7 月，比尔·盖茨重回母校，接受了哈佛大学颁授荣誉法律学士学位，一偿戴四方帽的心愿。在学位颁发典礼上，时隔当年辍学 30 年，已经 51 岁的盖茨激动地对专程赶来参加他学位颁发典礼的父亲和其他贵宾说："为了这一天，我等了三十年，现在，我终于可以说：'爸，我一直都想告诉你：我会回来取得我的学士学位的！'"

比尔·盖茨能获得成功，或许可以说与他当时的辍学有很大关系，而更多的是靠着机遇和之前他对计算机的了解。

在比尔·盖茨眼里，上大学并不是为了一纸文凭，他在哈佛的三年学到了很多东西，这为他创业奠定了坚实的基础。

比尔·盖茨的成功是不能机械复制的。我们不能鼓励人人都学他辍学创业，但仅仅把上大学定位在为了一纸文凭上，目光实在短浅。不可否认，我们的教育体制还存在许多弊端，如：学科设置不合理，知识结构老化等，以至于许多学生把"一纸文凭"当做上大学的终极目标，以便给父母和自己一个交代。但是这样做的结果是忽略了思维能力和创造能力的培养，而这些正是现代企业对人才的期待。

文凭是为了找工作，而工作的前提并非只需要文凭。从职业发展的长远需求来看，能力是一个人获得成功的最重要因素，而文凭只是一块"敲门砖"。

上大学不仅仅是为了一纸文凭，我们需要做的是，在大学现有的课程安排外去学习一种批判型和创造性的思维能力，一种独立思考的能力。只要拥有这种能力，纵使遭遇经济寒冬，一时找不到工作，也不必担心。而这种能力的获得只有在大学的这个"大熔炉"里锻造。所以，认为上大学就是为了一纸文凭的想法无疑是舍本逐末了。

【企业家忠告】

1. 给自己做个准确的定位

从上大学的第一天开始，你就要给自己做个准确的定位，明白自己上大学的目的是什么，明白大学文凭只是个人学历的证明，仅仅是大学的副产品，而我们上大学是为了在这"大熔炉"里提升个人素质。

2. 努力学好你现有的课程

也许你认为学校设置的课程过于僵化，不合时宜，但是在现有的条件下，你不能很快地改变它，那么就先学好它。况且你学习的不仅仅是知识本身，更重要的是培养学习能力、思维能力及解决问题的能力，而这些能力的培养都是通过你的大学课程实现的。

3. 在大学努力提高你的素质

现在我国的教育事业越来越发达，大学之门还要向更多的人敞开。这就意味着你必须要更优秀才能在越来越庞大的大学生队伍中脱颖而出。可是如何让自己更优秀呢？这就要求你在大学阶段积极参加各种实践活动，学习各项知识技能，在宝贵的四年时间里迅速提升自己。

多读书，读好书

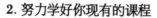

在大学生中流传着这样一种解释：大学 university，即"由你玩四年"。

在大学校园里，你常发现，现在的大学生除了自己的课本之外，几乎是不读书的。在大学生宿舍里，你经常可以看到男生一起玩网络游戏的场景，而女生则聚在一起聊天讨论穿着打扮。

偶尔也有读书的，不过书桌上摆的是武侠、言情等消遣读物，品味略高些的，手中拿的也是《读者》、《文摘》之类的通俗读物，除此之外，这些当代大学生还普遍醉心于韩寒、郭敬明等青春派的小说，并将这些视为当代社会的主流文化。

而大学中文系的很多人不读古诗词、现当代小说，却捧着《七龙珠》、《机器猫》、《乱马》读得不亦乐乎。有人称大学生读书的状况是"老太婆吃柿子，专找软的捏。"这些人还是精神生活上的"襁褓"一族。

宁高宁，1987 年任华润创业有限公司总经理、华润集团有限公司及中国华润总公司董事长兼总经理、华润北京置地有限公司主席，2004 年 12 月起任中国粮油食品（集团）公司董事长。2011 年 6 月他接替牛根生职务，掌管蒙牛。宁高宁有句阅读名言"读书在我的生活里占据非常高非常高的位置。"他最想做的事情就是回到学校读书。

宁高宁在作为中粮集团的掌舵人时，曾写过一篇流传甚广的佳作《黄金屋》。在《黄金屋》中，宁高宁写道："能不断读点书看来是件挺要紧的事，不管你是干什么的。我觉得读了些书的人眼神也平顺些，祥和些。我们通常爱把读书和学习放在一块儿，我看也可以不这样。因为学别人往往是件苦事，可读书不是。读书其实是一种深度的安静，人在安静的地方待长了，心也会得到调养。我们见到的大学问的人，年纪越大，越让人觉得仁厚舒服，我想那应该不是学来的，是书中的安静熏出来的。"写这篇文章的目的据说是宁高宁为了劝告喜欢时尚对阅读兴趣不大的女儿："女孩子爱漂亮很自然，但是你不知道读书以后会'连眼神都变漂亮了。"

从《黄金屋》中还可以看出宁高宁喜欢读书的人，他说过："喜欢读书的人，坏不到哪儿去。"在他的观念里，多读书，读好书的人是聪明的人。他认为人虽然不可以长生，但可以通过阅读拓展你的生命。宁高宁有个乐趣，就是逛书店买书，他的家里藏书有一两万本，但商业管理类只占20%，其余的主要是历史、社会学和文学类。林语堂、张爱玲、贾平凹是宁高宁最喜欢的作家。尤其是贾平凹，宁高宁最为欣赏，所以《秦腔》一书一出版，他就立即买来读了。

和一般人不同，宁高宁读书最多的地方是厕所里和飞机上，飞机晚点对别人来说是痛苦的，但是却是这位爱读书的企业家的幸福时光。宁高宁说："一晚点我就想，我也没有办法，这些时间就全是我的了。非常享受。"

宁高宁作为一名成功的企业家，最喜欢做的事情是读书，最渴望做的事情是回到学校读书。他认为读许多好书能使人心沉静，心灵得到调养。也许这就是宁高宁事业上比较顺利的原因，因为他多读书，读好书，收获了一颗沉静仁厚的心，使得他在商海沉浮中保持一种独立的个性和魅力。

有一位美国作家费迪曼在《一个年轻作家的读书经验》中生动地形容了美国年轻人的读书观："过了17岁以后就是书来选你，而不是你去选书了。你必须在某种限制之下去读书，阅读成了一种计划，成了大学课程中的一部分，或成为获取某一种学识的工具……"

美国大学生脑子里有这样的观念：如果没有和专业课程相关的阅读，光是在图书馆看一些社会畅销书籍，何必要费尽心思进大学呢？

但是，中国的大学生完全相反，他们认为自己终于可以摆脱十几年教科书与参考书的纠缠，有了松一口气的机会。还读教科书干吗呢？教科书只需在考试前突击一下就可以了，平时读它们就是浪费时间。

而那些基本什么书都不读，把时间浪费在玩网络游戏和聊天上的人，更可谓大学的"超级顽主"，他们不知道上大学的真正意义是"学"，不是玩。

当代的很多大学生睡在通俗文化和"褴褛文学"的温床上，认为自

己的精神世界只要有这些就够了，这同样是很天真的一种想法。抱有这种想法的大学生显然没有意识到读大学应该达到什么样的精神层次。

通俗文学当然是可以读的，但是不应该作为大学生的主流文化，如果这些大学生还躺在这张温床上不清醒过来，只会得"脑萎缩"，让自己由"精神贵族"沦为"精神布衣"。

【企业家忠告】

1. 多读书

有句话说，多读书总是没有错的。如果你想让自己更优秀，气质更好，那就多读书吧。每年多读几本书，不久以后，你就会达到"腹有诗书气自华"的境界，同时感到自己的各方面素质都有所提高，更具有竞争力。

2. 读好书

有一部分书给你知识，少数书是一面镜子。读一本好书永远比得上读很多本没有用的、只供消遣的书。一本好书可以教给你很多东西，在你受到挫折时激励你，当你迷茫时指引你，在你犯错误时提醒你。

3. 有读书计划

如果你说自己没有时间，也没有一个详细的读书计划，那么每个月看一本好书吧，不会占用你很多时间，这样一年累积下来你就会比别人多读12本书，长期坚持下来，相信你会有很大的收获。

努力掌握一门外语

英语作为一种工具，已成为衡量大学生综合素质的一项标准。而其他的小语种也是用人单位选择人才的一个重要条件。然而，当许多人升入大学后，发现大学英语并不像高中那样容易，不是背背单词，懂点语法就能拿高分。于是这些人就知难而退，慢慢放松了对英语的学习，尤其是四、六级改革后，英语四级不再与大学学位挂钩，许多大学生就干脆放弃了对英语的学习，还安慰自己道"反正我以后又不准备出国，会讲普通话就够了"。

至于其他小语种的学习，如果不是本专业的学生，很少有大学生愿意自讨苦吃去主动学习这种之前很少接触的语种。大学生中各种各样的小语种社团和兴趣协会，也就是刚开时火热，慢慢的，大家就因为难学或受到别的东西吸引开始兴趣泛泛，最后就完全冷落了。

大学时期，李彦宏就读于北京大学，在大学三年级的时候，李彦宏开始思考本科毕业后的出路，这时他想到了出国，但是李彦宏的情报专业成了他申请计算机研究的障碍。而且更为糟糕的是，在记英文单词的时候，明明是刚刚记过的单词，但是很快就忘记了。

大多数人遇到这种情况都会失去信心，但是李彦宏却倔强地坚持了下来。要出国，考托福和 GRE 就成了一道必备的程序，但是，当时考托福和 GRE 并不像现在这样流行，更不像现在一样满地都是各式各样的辅导班，所以当然没有现在题山题海一般的模拟和押题资料。缺乏捷径的李彦宏学习英语只能采用"学海无涯苦作舟"，于是，李彦宏每天都抱着很厚的英语资料一个词一个词地记，很枯燥，一遍记不住，他就背第二遍，两遍记不住，他就背第三遍。

那时候，听力材料也不像现在一样随处可见，北京大学为了给学生学习英语创造良好的环境，专门开辟了几个教室学习英语，在这几个教室里可以用耳机听英语，于是李彦宏就用尽所有的空余时间来提高自己的听力。

在李彦宏不懈的努力下，英语成绩迅速提高，而且取得了托福600分的好成绩，最后被美国布法罗大学的计算机系录取。

正是李彦宏疯狂苦读英语的经历为他以后出国和事业的成功奠定了基础。

许多大学生因为英语难学放弃英语的学习，是惧怕困难的表现。与高中时代的英语不同，大学英语注重的是能力的测试，这就需要你付出更多的努力去培养你的能力，而遇到困难就放弃的做法是没有办法学好英语的。

那些认为学习英语对自己没有用的大学生是极其缺乏远见的，在很多企业的招聘中，英语四级是很重要的一项，很多企业把它当做一个硬性门槛。而小语种同样很必要，尤其是近年来我国与许多非英语国家的贸易往来增多，对小语种的人才需求也增大，在同等条件下，许多单位会优先考虑选用有更多技能的人，这时，你比别人多懂一门外语就更容易在竞争中胜出。

【企业家忠告】

1. 英语四级一定要通过

虽说教育部目前已经不把英语四级与你的学位证挂钩，但是对于许多用人单位而言，是否通过英语四级仍是他们的一个衡量标准，在大学时期，英语四级你一定要过。

2. 尽量通过英语六级

在出国需求增加、托福和 GRE 屡见高分，大部分大学生都能过英语四级的情况下，英语六级已成了很多企业对大学生的一个新要求，所以在大学时期应努力通过英语六级。

3. 学习一门小语种

目前，随着我国贸易的扩大，对小语种的人才需求也在不断增大，而且在目前应届生供过于求的社会环境里，多学习一门小语种你会有更大的竞争力。

第 4 章
做人——做人是立世的根基

　　做人是立世的根基，会做人是一门高深的学问。大学是大学生入世前的修炼所。在大学里，不仅要学知识，更重要的是要学做人。我们要树立正确的人生观和价值观，将塑造人格当成我们一生的重大工程；我们要学会用诚恳的态度待人，不卑不亢，低调做人，懂得感恩；我们要懂得独立自主做事，用谦逊的态度做人。在大学这个大熔炉里，修身养性，努力锻造自己。

树立正确的人生观、价值观

由于受到国家和社会转型期的影响，当代大学校园弥漫着一种功利至上的心态，没有任何真实的信仰可言，很多人没有正确的人生观和价值观，只把"功利"两字挂在心间，所谓正义、廉耻、为大众服务等早已被统统抛向"爪哇国"，连同中国人一向坚守的许多优良品质。

在大学校园里，我们能看到有些人嫌贫爱富，巴结家庭有权有钱的同学，对家中贫困的同学却不理不睬，甚至冷嘲热讽。这些大学生完全不懂得尊重别人，也不懂得无论出身如何，境遇如何，都要在权势面前保持自己的尊严。所谓感恩、善良地做人，在这些人眼里只是一纸空谈，甚至被视为是可笑、过时的东西。

李嘉诚，现任长江实业集团有限公司董事局主席兼总经理，1999 年为亚洲首富，1981 年获选为"香港风云人物"，1981 年被委任为太平绅士，1989 年获英女皇颁发的 CBE 勋衔，1992 年被聘为港事顾问，1995 年 -1997 年任特区筹备委员会委员，被评选为 1993 年度"香港风云人物"。

做一个正直的人，一直是李嘉诚的原则。1943年，李嘉诚的父亲刚去世，李嘉诚含泪到两个客家人手中为父亲买墓地，然而，两个客家人以为他年幼好欺，就将一处埋有他人尸骨的墓地卖给他，并打算掘坟，将他人的尸骨弄走。李嘉诚知道后极为生气和震惊，他想这两个人的心肠实在是太黑了，而自己的父亲一生光明磊落，将他安葬在这里，父亲一定不会安息的。于是李嘉诚放弃了已付的钱财，为父亲另选了墓地。

这件事情深深地留在了李嘉诚的记忆深处，给正要走上社会自己创业的李嘉诚上了一次有关人生和社会的教育课。让李嘉诚面临了人生第一次有关金钱与道义的艰难选择。李嘉诚在心底对自己暗下决心，以后的人生旅途不管如何，在生意上一定要做到不坑害别人，生活上乐于助人，做一个正直的人。

在对两个儿子的教育中，李嘉诚也努力做一个好人，将正直的思想潜移默化地灌输到儿子的头脑中。一次，香港刮台风，将李嘉诚门前的大树刮倒了，李嘉诚看到门前有两个菲律宾工人在锯树，马上将儿子们叫过来，对他们说："他们从菲律宾背井离乡来到香港很辛苦，去帮帮他们吧！"儿子们马上去了，李嘉诚露出了灿烂的微笑。

李嘉诚的小儿子李泽锴说自己从父亲那里学到很多的东西，不仅仅学习了经商之道与为人处世的原则，更重要的是懂得了如何做一个善良正直的人。

李嘉诚一生能取得如此大的成就，不仅因为他具有独特的市场眼光和优秀的经商能力，更赖于他正直善良的为人及其在任何境遇下都不会为钱财而出卖自己良心的人生观和价值观。

大学生应该树立一种什么样的人生观和价值观？现实中很多人的人生观和价值观是扭曲的，是物化的，是追名逐利。

哈佛神学院曾经录取了一位学生，他不仅学科成绩优秀，理科成绩是满分，而且多才多艺，他的小提琴演奏水平已可以直接进纽约交响乐团，但他却没有选择麻省理工学院专修理科，也没有进朱莉亚音乐学院搞音乐，而是选择了相对没有"钱途"的神学院。有人问他为什么，他的回答是，我还年轻，挣钱可以慢慢来，但是关于信仰的问题是我的人生的功课。我读书不是为了职业，而是为了我的人生。

【企业家忠告】

1. 不只追求物质，更需追求精神

做一个精神富有的人，比得到多少金钱有意义得多。大学生没有正确的人生观和价值观，不知道人生的意义，不知道人生应实现自我的价值，都是可悲的。

2. 有理想

没有理想，没有追求的人生就像一个空皮囊一样苍白无力，哪怕你的理想很微不足道，但只要你自己认定，并努力坚持，你就是了不起的。

3. 大爱之心

将施爱作为一生努力的方向也是一个人的崇高所在，爱，不分国界，不分贫富，拥有大爱之心才能使人生有意义，有价值。

4.不嫌贫爱富

财富人人想要，但是嫌贫攀富并不能给你带来财富，相反，这样的举动会降低你的人格，让你周围的人和你所攀附的对象看轻你。结识优秀成功的人士并没有错，但是用正确的心态结交吧！

塑造健全的人格是一生的重大工程

大学生虽然拥有年轻的身体和灿烂纯真的心灵，但是学习、生活、家庭、就业的各种压力，使心灵和人格的塑造显得尤其重要。

在大学校园里，你有时会遇到这样的大学生，他们或是性格固执、敏感多疑、情感不稳定；或是自我评价过高、心胸狭隘；或是孤僻、胆怯、不爱社交、遇事容易退缩。这些大学生往往禁不起挫折的打击，一点点的小挫折就会让他们一蹶不振，有时一点不开心的小事情也会让他们的情感毫无节制地爆发，甚至出现许多自己不能控制的行为，酿成悲剧。

如2005年4月23日下午4时，一名北大中文系女生自北大理科2号楼9层跳下，经抢救无效身亡；当天下午，中国青年政治学院社会学系一名大二女孩自学生公寓4层跳下。她站上窗台的瞬间，同寝室同学曾经竭力拉她，但最终没能留住她的生命。

安德鲁·卡内基是世界著名的钢铁大王，与"汽车大王"福特、

"石油大王"洛克菲勒等在美国的工业史上写下了辉煌的一页。他是美国最大的钢铁制造商，曾跃居世界首富。这位世界首富一生所做的事情并不是不停地追求财富，而是不断地完善自己的人格。

安德鲁·卡内基本是一位苏格兰移民，出生于贫民窟，最终成为美国最有权势的人之一，但是他一直为自己的工人出身而自豪，从小他就从自己的母亲身上领悟到了努力工作的价值。

卡内基8岁时开始读书，教育费用由开杂货店的叔叔承担，由于叔叔是一个激进的演说家，总是站在阶级的立场反对富人，因此与不少有权势的人结了仇。因为和叔叔的血缘关系，卡内基被禁止进入每年都会定时开放供人参观的皮腾克里夫庄园——苏格兰女王玛丽的遗址。因为这件事，卡内基从此不再相信人的言论自由，同时也对"人生来就平等"产生怀疑。由于存有这样的思想，在美国内战时，他与一个来自伊利诺伊州的工人政客结成了政治联盟，这个政客就是亚伯拉罕·林肯，卡内基是林肯废除奴隶制的坚决拥戴者，他向来认为奴隶制应该被取消，这与他的生活态度一致，他一直认为人类的灵魂和精神是崇高的。

1867年时，卡内基已经十分富有，他和母亲终于过上了富足的生活。此时，他开始追求精神上的富足，他进入了纽约的上流社会，但是却对拜金的人和追求金钱的事没有兴趣，他喜欢结交诗人、散文家、小说家和科学家。当别的富人在收集艺术品的时候，他却在收集知识分子的名字，通过和这些人的交流，卡内基具有了更优秀的人格魅力。安德鲁·卡内基有句惊世骇俗的名言："如果一个有钱人到死还是很有钱，那将是一件可耻的事情。"在大部分人都在崇尚金钱的时候，他却毅然决定将自己所有的财富捐献给社会，他生前所捐的款项之巨足以媲美于死后设立诺贝尔奖金的瑞典科学家、实业家诺贝尔，这全是因为安德鲁·卡内基一生对自己人格的塑造。

安德鲁·卡内基的一生是不断创造财富的一生，同时也是不断完善自己人格的一生，最终他将自己的财富都捐赠给了社会，体现了他无与伦比的人格魅力。

人格不健全将难以适应将来复杂的社会竞争，因为这个社会不仅需要你有超强的工作能力，还要求你有超强的心理素质，而人格是否健全则是决定心理素质的重要方面。所以，有人格缺陷的人将很难在未来激烈的职场竞争中胜出。

目前，身处大学校园的大学生们，在人生最美好的时光却因为压力等各种原因形成了各种各样的人格缺陷，这些人格缺陷不仅仅给他们的生活带来困扰，还会严重影响他们的身心发展。而那些在最美好的年华里堕落，甚至轻易地放弃自己生命的大学生的做法更是偏激，不仅放弃了自己宝贵的生命，而且给自己的父母带来极大的伤害。同时，也是对国家培养的人才的一种浪费。由此可见，当代大学生要学会调整自己的心态，培养健全的人格，由此走向各自美好的人生之路。

【企业家忠告】

1. 有一颗善良的心

在各种优良的品质中，善良最具有直达人心的力量，一个心怀善良的人，通常很难做出什么坏事！让心灵拥有一份善意，你就更懂得欣赏人性的美和这个世界的美。

2. 不断加强自己的知识修养

俗话说知识塑造人格，一定的知识积累有利于健全的人格的形成，所以把平时花在苦闷、烦恼上的时间都用来学习知识吧！当你的知识积累到了一定的程度，你对许多事情会有更正确合理的看法和应对。

3.学会自我约束

在抵御不良的人格与品行方面，没有什么比自我约束更有效，对自己多些约束，让自己远离不良的人格，你就离完美近一步。

独立自主的精神很重要

在每年新生报到的时候，你会看到这样的现象，许多新生自己坐在原地看行李，由父母代劳跑前跑后办理各项手续，问其原因，是因为自己不懂得怎么办理，并且到了一个新环境，有陌生感，不好意思询问别人。

在大学课堂上你还会看到这些现象：当老师让大家讨论某一个问题的时候，很少有人和周围的同学热情讨论，大都沉默不语，更不要说和老师讨论问题了。大学生们可以把课本上的知识背得很熟，却不能回答老师提出的"为什么"。

对于开放性的作业，大部分人选择网上搜索整理，还有一部分人引用别人的观点，很少有人能提出自己的想法。

平时，经常出现学生抄袭他人作业的现象。

每年的毕业论文和毕业设计总会有一些大学生涉嫌抄袭。如今，学术造假，论文抄袭在大学已经成为一个引起各方面关注的问题。

盛田昭夫，日本索尼公司的创始人，被世人誉为"经营之圣"，在经济界是中国企业家的学习榜样。

在父亲久左卫门的培养下，盛田昭夫在很早的时候就表现出强烈的独立自主意识，他不仅继承了父亲经营思想的精髓，并且能够根据自己的理解改造掉他认为不恰当的地方。在很小的时候，昭夫就由父亲带着参加商业和社交活动。虽然他此时尚且年幼，但他已经开始用自己的脑子思考问题。他看见父亲总是不辞劳苦地亲自参加每一次促销活动，对此很不理解。曾问父亲为什么不要别人帮忙，非要事必躬亲。久作卫门对儿子说道："我是盛田株式会社的指挥官，指挥官就必须站在职员面前，用自己的行动来指挥他们。"昭夫虽不是很懂，但是他记住了父亲的话，当索尼公司进军美国市场时，盛田昭夫亲自出马，勇打头阵，很快在美国站稳了脚跟。

在昭夫 10 岁的时候，父亲久左卫门便带他参观家族事业，使他弄明白家族的工厂是如何运转的。后来父亲开始带着昭夫参加盛田氏的公司会议，这时，年幼的昭夫虽然坐在父亲身边一言不发，但他总是聚精会神地学习父亲的管理方法。盛田株式会社的高层们对于让一个乳臭未干的孩子参加公司会议早已习以为常，只不过他们常常有意无意地忽视他的存在。可是，不久以后发生的事情改变了他们对于这个孩子的看法。

那时，年幼的昭夫还在学校念书，但是一天父亲却突然病了。然而新年一过，公司的高层和职员都要到家中拜访，往年都是久左卫门在招待，今年怎么办呢？这个问题并没有难倒对儿子极其了解的久左卫门，昭夫经常跟着他出入沙龙，已经很熟悉社交礼仪，久左卫门决定让盛田昭夫来试试。

久左卫门把儿子叫来，对他说："昭夫，你也知道，我病了，所以过年后我希望由你来代替我接客。"于是，这年前来拜年的人惊奇地发现站在门口迎宾的竟是幼小的昭夫，给一个小孩鞠躬拜年，使没有心理准备的客人们手忙脚乱。相比之下，稚气未脱的盛田昭夫倒显得从容沉静得多。

索尼能够发展成为一流的电子品牌，与其创始人盛田昭夫独立自主的精神分不开，他从小不仅能独立思考，并且能够独当一面，自主行事，这些都为他以后事业的发展奠定了良好的基础。

现在，很多大学生缺乏独立自主精神，这让他们在步入社会后会产生严重的不适应感，进而难以在社会立足，更别说在职场竞争中获胜。试想，有哪个老板放心把事情交给一个什么都不会做、什么都要靠别人做的人呢？

中国有句古话：穷人的孩子早当家，为什么？就是因为穷人的孩子从小就面临着艰难的生活环境，这练就了他们吃苦耐劳的品性，也就容易使他们较早地形成独立意识，自然也就能较早地独立起来。所以，职场中往往很欢迎那些从小吃过苦的人。

当然，独立自主并不意味着做"独行侠"，不需要别人的帮助，而是一种独立思考和解决问题的能力。那些完全依赖父母的大学生们显然缺乏独立自主的精神，这些人一直在父母的呵护下生活，尚没有过"心理断乳期"，他们应该培养自己的独立自主精神。

现代职场提倡独立思考，并不断创新。复制别人，拿不出自己的东西只会遭到社会的淘汰，而且让人们对你的诚信产生怀疑。

【企业家忠告】

1. 学会独立生活

无论你的家境有多么富裕，你出身多么有名的高校，拥有独立生活的能力都是很重要的，这份能力不仅让你摆脱对他人的依赖，还可以让你生活得更好。也可以让你获得别人更多的信任。

2. 培养独立解决问题的能力

一个凡事都依赖别人，都想要别人帮助的人绝不是一个受欢迎的人！当代社会需要的是能独当一面，能力强的人。不妨从现在开始培养你独立解决问题的能力，不久，你会惊喜地发现，你原来如此优秀。

3. 凡事有自己的看法

在团体中和别人的意见保持一致很重要，但是这绝不意味着你没有自己的看法。人云亦云，缺乏主见的人不会得到大家的尊重。培养自己独立思考的能力，适当提出自己独到的看法会让你更优秀。

诚恳永远是块试金石

在当代一些大学生的观念里，诚恳待人被视为是天真幼稚，而对人

虚伪、敷衍却被认为是成熟的表现。

霍英东，1953年创立立信置业有限公司。1954年创立和有荣有限公司，任董事长，后组建霍英东集团，担任主席。霍英东一生获得很多荣誉：香港中华总商会会长，后任香港中华总商会永远名誉会长。1997年7月获香港特别行政区政府颁授的大紫荆勋章等。由于深厚的爱国情怀和多年来对祖国的贡献，霍英东又被称为"红色资本家"。

霍英东一生为人诚恳，这些都源于母亲的熏陶，当父亲和哥哥都遭遇海难去世后，霍英东就与母亲相依为命，母亲靠做接船运货的工作养育他，而霍英东上学后就成了母亲业余的会计。一天，霍英东发现母亲劳累一天回家后却愁眉苦脸，就询问母亲，母亲理了理零乱的鬓角，平静地说："来帮我把账算一下，看看今天亏了多少。"

原来，近日有船只运来一船煤，母亲一口气接下了四分之一的货运，并通知所有以前有业务往来的舢板客来运货。不巧的是，那几天，正好有大批的粮食待运，同样的价钱，就没有人愿意运煤了，霍母为了完成任务自己出钱垫高了运费。霍英东算好帐后发现亏了4.9元。4.9元在当时并不是一个小数目，它可以为全家添置一件新衣服。所以看着母亲失望的样子，霍英东不禁问道："既然亏本，我们不干不就行了吗？"霍母爱抚地摸摸儿子的头，慈祥地说："我们做生意靠的就是信誉，只有我们诚恳待人，才会有人把生意交给我们做。"

霍母情愿自己吃亏，也不失信于客户的事情让年幼的霍英东受到很大的震撼，这促使他从小就养成了正直诚恳的品质，并且成年后在生意场上他也一直保持着这个优良的品行。

虽然家庭贫困，但即使要蒙受损失，霍母也教育霍英东要以信誉经

商，诚恳待人，这成为霍英东一生为人经商坚守的信念，也正是因为这样的为人处世原则使他获得成功。

只有诚恳待人，你才会取得别人的信任，才能用自己的真诚去换取他人的友谊。而虚伪不诚恳，会失去别人的信任，也会让你陷入人际交往的僵局。

【企业家忠告】

1. 言而有信

你对别人讲过的话，做过的承诺都努力做到了吗？不然就不要轻易地讲。做个言而有信的人，你会得到更多的信任！同时你会发现，生活给你的机会也更多。

2. 诚实做人

诚实是金，没有人愿意和一个满口谎话的人打交道，当今社会是一个讲究诚信的社会，诚实做人就更重要！

3. 真诚待人

想要别人真诚待你，你首先要真诚地对待别人，当然，有时候你也许不能从别人那里换来同等的真诚，但是你的真诚终有一天会换来更多的真诚。真诚永远是一种可贵的品德，拥有它，你就更容易打开别人的心扉。

学会感恩

有道是，"滴水之恩当涌泉相报"，然而，很多天之骄子们却不懂得感恩。许多大学生在家衣来伸手饭来张口，在学校拿着父母的钱大肆挥霍，却不懂得对父母感恩。父母生病时甚至不会打电话关心问候，更不要说在身边照看了。在他们看来，父母养育自己是应该的，供养自己上学是应该的，而自己却没有什么是应该为他们做的。

还有一些在校的贫困大学生，上学期间，得到社会各界的关心和资助，然而有的却不懂得感恩，伤了资助人的心，很多受助学生在受助期间从没有主动给资助者打过一次电话，写过一封信，没有讲过一句感激的话，更别说回报。在他们看来，他们得到社会的帮助似乎是天经地义的事情，根本没有想过"感恩"两字。这种现象产生了很大影响导致社会对大学生们的资助观发生改变，有的人甚至不愿再资助任何人。

更有一些在校期间获得国家助学贷款帮助的学生，在毕业多年后虽然经济条件不错，却拒绝归还当初的贷款。

潘石屹，SOHO中国有限公司的董事长，中国最活跃，最具鲜明个性的房地产领袖之一，潘石屹与妻子张欣共同创建的SOHO中国有限公司已成为北京最大的房地产开发商。2009年，潘石屹当选为新浪网"2009年度新浪乐居地产风云人物"。

众所周知，作为地产大亨的潘石屹是一个懂得感恩的人。在2006西方的感恩节11月23日，SOHO团队来到山西，在太原的国贸饭店三层宴会厅摆下盛宴答谢新老客户以及各界朋友，将山西当做SOHO中国2006年岁末感恩、答谢的第一站。潘石屹不仅对自己商业上的客户感恩，并且每一年都拿出大笔的钱用来做慈善，回报社会，潘石屹在自己的博客上写道："我们要记住每天最该感谢的人"。

潘石屹非常注重对孩子的感恩教育，两个孩子不知道自己家里有多少钱，但是却知道一共为慈善机构捐了多少钱，因为，每次参加慈善活动，潘石屹都会将孩子带上。第一次参加慈善活动时，大儿子惊讶地问爸爸："我们如果少买一个冰激凌和玩具，真的会让山里的孩子多上一个月学吗？"潘石屹听完后没有回答，而是在第二天将孩子带回了甘肃老家，让他们体验贫困地区孩子的生活。当回到城里后，两个孩子花钱更节省了。通过慈善公益活动培养孩子的感恩之心是潘石屹带孩子参加慈善公益活动的一个重要目的。在带儿子参加东南亚海啸捐赠晚会时，潘石屹让两个儿子亲手捧出一百万的支票。潘石屹说："无论是成人还是儿童，贫困和灾难画面最能扣人心。"潘石屹的目的就是让儿子记住这些令人难忘的画面。

在两个孩子很小的时候，潘石屹就给他们在银行开了户头，一次带他们去参加慈善活动，两个当时不满十岁的孩子居然每个人都捐出来两千多元，而这些钱是潘石屹让儿子自己积攒起来的大学学费。事后，潘石屹悄悄问两个孩子："你们把自己上学的钱拿出来，以后没有钱上大学怎么办？"孩子说："可是那些山里的孩子连小学都上不了。"然后小家伙又紧张地问道："爸爸，你不会真的让我们没有钱上大学吧？"潘石屹听到孩子天真的问题，哈哈大笑，但是又感到开心欣慰。

潘石屹能成为北京房地产开发第一人，与他卓越的市场眼光有很大的关系，同时也是他将自己得到的感恩之心渗透到生活和商业领域的结果。潘石屹教育自己的孩子懂得感恩的做法更是值得称道。

感恩是一种处世哲学，也是我们做人的一种基本准则。一个有智慧的人一般都会用心感恩自己得到的一切，而懂得感恩的人一般都会拥有幸福和快乐。在生活中，我们应该拥有感恩之心，懂得以此负起自己该承担的责任，做好自己该做的事情。我们要学会感恩生活，感恩家人，感恩朋友，感恩大自然，感恩一切。

许多动物尚懂得反哺,那些认为没必要感恩的大学生,其人格会打上很大的折扣,对自己未来的发展十分不利。试想,一个人进入职场之后,不懂感恩老板的栽培,不懂感恩同事的相助,必将难以奉献自己全部的身心,更别说得到事业的长足发展。

【企业家忠告】

1. 感恩从点滴做起

在别人帮助你时记得真诚地感谢,在别人需要帮助时你及时伸出自己的手……这些看似不经意的事情,其实都是感恩的举动和反应。有些时候,感恩甚至只是一个简单的动作、一个微笑的表情……

2. 感恩那些伤害和挫折

当我们遇到不开心的事情时不要急着抱怨和责备,而要学会用感恩的心来对待。感谢那些伤害过你的人,因为他们磨练了你的心志,让你学会了成熟;感谢那些欺骗过你的人,因为他们让你增长了阅历,明白了人情世故;感谢那些打击嘲笑过你的人,因为他们让你学会了坚强,学会了越挫越勇;感谢那些挫折,它们让你学会了坚忍,也学会了珍惜生命中美好的事情……

无论是经历挫折的消沉还是失败的泪水、成功的鲜花,生活都给予我们许多,同样让我们学会很多,我们从生活经历中获得成长,所以,我们怎能不常怀感恩呢?

低调做人，宠辱不惊

也许当代是一个张扬个性的年代，当代的大学生很难懂得什么叫低调。尤其是在我们这个"炫富""晒富""张扬个性"流行的年代里，经常有类似于"女大学生炫富开170万的奔驰来上学""人民币鲜花送佳人""大学生高调秀爱"的新闻出现。大学校园里也经常有人取得了一点成绩，如某项竞赛拿了奖项，就大张旗鼓，逢人便讲，搞得人尽皆知。

在当代很多大学生的心目中，"我有钱，我有能力，我很漂亮／帅气，我有校花／校草做朋友"，这往往是一种可以炫耀的资本，通常恨不得全世界人都知道。然而，这样炫耀的结果就是在别人艳羡的目光中失去自我，自信心越来越膨胀，对自己的定位开始出现偏差，越来越不可一世。高调地炫耀自己，却不懂得低下头来踏踏实实做事。在遭遇人生的挫折时，这些人通常承受力很低，很多人甚至不能承受极小的人生挫折，在遭遇某方面的失败时常常感到犹如天塌下来一般，更不要说做到宠辱不惊了。

卡洛斯·斯利姆·埃卢，墨西哥电信巨子，在2011年的福布斯全球富豪榜上，斯利姆以740亿美元的身价荣登福布斯排行榜首位，再度傲视群雄，成为全球首富。

斯利姆庞大的商业集团卡尔索集团旗下拥有拉丁美洲最大的移动电话公司，百货垄断极端伯恩，并涉足旅馆、餐饮、石油勘探、金融和房地产，并且在国外还有《纽约时报》和美国奢侈品销售萨克斯的股份。斯利姆的财富富可敌国，每一秒钟他都有10万美元的收入。

然而，这个超级大富豪却是一个为人十分低调的人，他从来没有因为自己的才富而炫耀张扬，以至于许多人对他的名字还很陌生。在生活和做人上斯利姆有这样一个原则：低调做人，踏踏实实做事。

也许是为了与这话相得益彰，在这位世界首富的手腕上带的不是类似于劳力士的世界名表，而是一块塑料表。和他的身份极不相符的这块表，让许多人百思不得其解。据说这块手表原来是斯利姆的小孙子的一个玩具，当小孙子把自己玩具箱里的玩具倾倒出来时，斯利姆不经意地发现里面有一块塑料玩具表，他想，这么好的一块表怎么就不用了呢？于是顺手就将这块表戴在了自己的手腕上。从此，这块塑料表在斯利姆的手腕上从没有摘下来，这块表陪着他运筹帷幄，驰骋于商场，创造了无数的商业神话，如，以精确的"秒杀"收购了美国萨克斯公司。利用这块表上的时间精确地调度遍布全球的"商业航空母舰"。

有许多人总怀疑斯利姆的手表有什么特别之处，于是他们总是渴望有机会看一下这块表到底有什么与众不同，因为他们认为也许就是这只表帮助斯利姆在做生意的时候总是顺风顺水，从未失手。然而很快他们就发现，这是一块普通的表，普通到在街头的地摊上都随处可见，然而，斯利姆却很爱惜它，每次戴之前都要拿手绢仔细擦拭，目光溢满了温情。斯利姆说："对于时间来说，从来没有高低贵贱之分，只要走得准确，时间都是相同的。财富的创造，依赖的是你正确的判断和决策。"斯利姆的话掷地有声，发人深省。

斯利姆能够准确地操控自己庞大的商业航空母舰，在商海里顺风顺水，不仅仅源于他精确的判断和决策，还要依赖于他低调的为人和踏踏实实做事的风格。

低调并不是说要一味地忍让，更不是说要与世无争，而是一种智慧。以退为进，以守为攻，则不战而胜。有些人很有才能，却喜欢张扬，总是想方设法极力表现自己。三国中有一个人叫祢衡，自称天文地理，无一不通；三教九流，无所不晓；上可以辅佐明君，下可以配德圣贤。但是却口齿伶俐，在处理这等事情之时不懂得要低调，故不得曹操重用，一身才能，未曾施展便死于刀下。

当代大学生一味高调地炫耀自己，无论是炫耀自己的财富，还是张扬个性，炫耀自己某方面的能力，都是一种很浅薄的、对自身发展不利的行为，也是一种让人反感的行为。

真正有大智慧和大才华的人都是低调的人。高声叫嚷的，是内心虚弱的人；招摇显摆的，是骄矜浅薄的人；上蹿下跳的，是浅陋无知的人。一味炫耀会让我们生出满足之心，也会让我们迷失自己，令我们沉睡在过去的成就和光环里，不再懂得踏踏实实做事的重要性，阻碍我们重新前行的步伐。

【企业家忠告】

1. 看轻面子，放下架子

有些人认为放下架子就会丢了面子，有了面子就可以端起架子。殊不知，端架子只会让你丢掉更多的面子。没有人会喜欢一个动不动就端架子的人。

2. 平凡之中见伟大

很多人看轻平凡的小事情，然而，通常平凡之中才能彰显伟大，将一件小事做好，你离成功近了一步，将无数小事情做好，你就获得了成功。

3. 宠辱不惊

人生在世，得也罢，失也罢，都是一时的烟云。没有人会永远成功，就像没有人会永远失败一样。用平和的心态看待你的得与失，你会更加幸福，你也因此更容易获得成功。

第5章
做事——会做事才能做大事

  《为学》中说：天下事有难易乎？为之，则难者亦易矣；不为，则易者亦难矣。人之为学有难易乎？学之，则难者亦易矣；不学，则易者亦难矣。这句话道出了做事的真理。会做，便是胸有成竹，自信满满，得心应手；不会做，便是茫然无措，灰心丧气，无从下手。

  成功者和失败者只有一个差别，那就是是否会做事。没有人是天生的成功者，上帝给了每个人同等的成功的权利。想要成功，最重要的是我们要学会做事。会做事才能成就大事。所以，大学生要自大学开始就锻炼自己的做事能力，用积极的心态和方式做事，万事从小事做起，全力以赴地做好每一件事。

有胆有谋，爱拼才会赢

放眼当代大学生群体，你会发现，很多大学生缺乏的往往不是知识和能力，而是一种成功者的心态。这些大学生往往有以下几种心态和表现：

有一些大学生不愿意冒风险，惧怕失败，安于现状。如：很多大学生在大学毕业时宁愿找一份自己不喜欢的工作，也不愿意自主创业，只是因为这份工作比较稳定，而创业的风险则大得多。

还有一些大学生胆识过人，但是做事时单凭自己的胆识蛮干，不懂得运用自己的智慧。如有些大学生在个人创业的过程中，能够抓住机遇，但是不能对机遇进行正确有效的分析，并制定出合理的计划，结果导致创业失败。

另有一些大学生虽然胆识谋略都有，但是缺乏的是一种顽强拼搏的精神。比如：有些大学生在个人创业时既可以大胆抓住机遇，又可以根据市场制定合理的实施计划，但是当遇到困难时，就轻易放弃了自己的创业梦想。

　　马云，阿里巴巴集团的主要创始人之一，现任阿里巴巴集团主席和首席执行官，中国雅虎董事局主席、杭州师范大学阿里巴巴商学院院长。他是《福布斯》杂志上的首位中国大陆企业家，曾获选为未来全球领袖。马云的成功不仅仅源于他超前捕捉机遇的能力，还因为他独特的超凡胆略和卓越的智慧。

　　大学毕业时，马云在杭州电子工业学院做英语和国际贸易的讲师，但是他没有陶醉在教育事业荣誉的重围下。而是选择了自己创业。

　　1991年，马云和朋友成立海博翻译社，但是在翻译社开始收益，财源滚滚时，他没有裹足不前。1995年，马云受浙江省交通厅委托到美国催讨一笔债务，出访美国时马云首次接触因特网，刚刚学会上网，马云居然想到了为他的翻译社做广告，上午10点他把自己的广告在网上发送。中午12点时，他收到来自于美国、德国和日本三个国家的6个电子邮件，说这是他们看到的有关中国的第一个黄页，马云意识到这在中国是一个空白。于是他放弃正在盈利的翻译毅然奔赴另一个在中国可以说看不着也摸不着的网上领域。马云创办了网站"中国的黄页"，马云的想法是把中国企业的资料收集起来，发往美国，做好网页后向全世界发布，然后向企业收费。国外媒体称马云为中国的 mr.internet。

　　当时互联网的推广全靠马云的口才，于是，在杭州街头的大排档里很长时间都有这样一幕：一群人围着一个叫马云的人，听他口沫乱飞地推销自己的"伟大"计划。但是遗憾的是，当时中国很多人尚不知互联网为何物，所以他们称马云为骗子。甚至有这样一个笑话：当1995年马云第一次上中央台的时候，有个编导对记者说，这个人不是好人！并且在全国很多没有互联网的城市里，马云一律被称为"骗子"，但是马云仍旧坚持了他的"骗子"之旅。马云是这样用行动诠释梦想的：把最疯狂的梦想用超人的胆略付诸于行动，坚持做正确的事，并且正确做事，悲壮开拓，矢志而行，变不可能为可能。1996年，马云的营业额不可思议地做到了700万！马云终于一脚踹开了财富门。

独特的超凡胆略，以及不怕失败、永不放弃地追逐自己事业的精神，再加上对自己和事业有谋略的经营，终于铸就了马云的成功。

常言道：狭路相逢勇者胜。没有一个成功的人是胆小怕事之辈，成大事靠的不只是能力，还有胆量。如果你能够以平常心来面对一切，那么你就可以做到什么都不怕了。一味蛮干是难以成事的，做一件事不仅要靠胆量，还要有智慧，这样才能事半功倍。

不为成功去拼搏，成功是不会自动来的。人生一世，能做的事情不多，如果没有胆识，就不会做出成绩来。所以，我们要敢于拼，即使失败了也无悔。我们在做事时要敢于冒风险，虽然失败与成功的机会并存，但是风险越大，取得的成果也就越大。

【企业家忠告】

1. 有胆有谋，成就大事

俗话说"有胆三分强"，拥有常人没有的胆略，你才能做出常人难以企及的成绩，但是想要成功单单凭胆识是不够的，还要有智慧，学会运用你的智慧，实干加上巧干，你才会获得成功。

2. 勇于拼搏

没有谁随随便便成功，成功的道路上必然撒满了

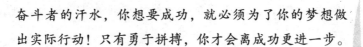

奋斗者的汗水，你想要成功，就必须为了你的梦想做出实际行动！只有勇于拼搏，你才会离成功更进一步。

3. 坚持不懈，永不放弃

为梦想奋斗的道路上最怕半途而废！想要获得成功，你必须坚持不懈地努力，永不放弃自己的梦想。否则，只会浪费你之前的努力。

万事从小事做起

有句话说，细节决定成败。然而，现在很多大学生却不注重细节，他们总认为自己是做大事的人，整天执着于小事没有意义，甚至认为做小事是没有出息的表现。

所以，在这些大学生身上你经常看到这样的事情发生：

精心准备的毕业论文，却因为里面的几个错别字而没有被评上优秀论文；参加面试，各方面都令招聘方很满意，但是却因为离开时不记得关门而被拒绝；毕业找工作时，不屑于在基层做基础琐碎的工作，想进大公司做高职却被告知不招没有基层工作经验的；被老板安排做某些事情时，认为让自己这个大学生做芝麻大的小事，实属浪费人才，心中愤愤不平，做事不尽心尽力。

这些大学生平时一心想要做大事，常常忽略了小事或是对小事不以为然，最终却什么事也没有做好。

王永庆，台湾著名的企业家，台塑集团的创办人，被誉为台湾的"经营之神"，王永庆获得成功的法宝就是注重细节，把小事做好。

在王永庆16岁的时候，他在嘉义开了一家小小的米店，由于资金不足，米店只能开在偏僻的小巷子里。并且当时嘉义已经有很多家米店了，王永庆的店开得晚，位置又偏再加上没有名气，米店的生意非常冷清。为了将米店维持下去，王永庆每天都扛着米挨家挨户地推销，往往得到别人的白眼和嘲讽。但是，他却从没有想到要放弃，而是坚信自己的生意会慢慢好起来。

为了让生意好起来，经过一番的思考，王永庆决定通过提高米的质量来招揽顾客。那时在台湾，农民基本上靠人力收割并加工稻子。农民把稻子从田里收割起来，然后把它放在马路上暴晒，之后脱粒。脱了粒的大米中一般都有一些小石子之类的杂物，所以，大家在做饭前一定要仔细淘米，拣出米中的沙粒。这些细节让王永庆深受启发。他找来人把碾米时米中混入的小杂物都捡了出来，这样，王永庆依靠质量明显比其他米店好的米打开了销路，吸引了一批顾客。

后来，王永庆又想到了免费为顾客送米上门。只要顾客有需求，不管晴天雨天，不管路远路近。他都会尽快把米送到顾客家中。有一个下雨天的深夜，王永庆刚刚准备休息，就被一阵敲门声惊醒，原来是嘉义火车站对面一家旅店的厨师来买一斗米，虽然卖一斗米，王永庆只能赚一分钱，但是为了保证信誉，他还是量了一斗米。

王永庆不但为顾客服务好，还很注重服务的细节。在为顾客送米时，他不仅仅送到顾客家里就算完事，而且还替顾客把米倒进缸里，这时缸里如果还有陈米的话，他还会先把陈米舀出来，等洗干净米缸倒进新米后，把陈米放在最上层，以防陈米变质。在平时给顾客送米的时候，他还会把这家的情况打听清楚。比如，家里有几口人吃饭，一顿饭能用多少米。然后，他就根据这些情况估计出下次送米的时间。

王永庆的米店不仅米的质量好，服务也好，所以生意越做越好，而王永庆也由这家米店起步成了台湾工业界的"龙头老大"。

一个人越注重细节，他就越容易成功，台湾首富王永庆的成功就是证明。

大多数人认为，做大事者何必拘泥于小节。我们很多人做的都是一些小事，琐碎、单调、平淡，但是这就是生活，是成大事不可缺少的基础。一个不愿意做小事的人是不可能成功的。

老子说："治大国若烹小鲜。"老子将治国比作是烹炸小鱼，事情看似小，可是要做好也不是很容易的事情。比如要掌握好火候、调味料等，要色、香、味俱全才能将一条小鱼炸成美味。不然，就会炸焦。可见，细微之处方见真功夫。

现在有些大学生常常不注重细节，认为自己是干大事的人，没有必要注重细节，这种看法是片面孤立的。在当代竞争日趋激烈的社会，"从小事做起"是人在社会中竞争的基础，把小事做好，小事做细，你才能臻于完美，才能在激烈的竞争中脱颖而出。反之，则会被认为眼高手低，难成大事。

试想，一个人步入职场后，如果面对老板交给的工作，总认为是不值得做的小事，那么老板会如何看待他呢？老板会认为："看不上小事，如何可以做大事呢？"一旦你给老板留下了这样的印象，就会在老板的赏识名单中被划掉。

【企业家忠告】

1. 关注细节

别人忽略掉的小地方往往是获得成功的关键，当所有人都从大处着手的时候，你懂得关注细节，你就比别人棋高一筹，也就更容易获得成功。

2. 放低你的姿态

想要把事情做好，你的态度很重要，不要因为它是小事情就不愿意做，小事情往往决定大环节，而且，当你放低自己的姿态用心做一些小事情的时候，你就离成功更近了一步。

3. 做好每一件小事情

做好你手中的每一件小事情，不仅仅完成它，并且你应该把每一件小事情都当成重大的事情来做，把小事情做得完美，这样当你把每件小事情都做好，积少成多，你就会臻于完美！

全力以赴做好一件事

一个人想要获得成功，必须全力以赴做好当下的事。当代大学生大多是娇生惯养的一代，从小没有吃过什么苦，所以长大后很多人都惧怕困难，缺乏毅力，加上受到当代社会浮躁心态的影响，大学生毕业后在职场做事情时往往缺乏全力以赴的精神。

这些人做事情时拈轻怕重，敷衍了事；还有人虎头蛇尾，刚开始对某些事情很热情，一头扎了进去，但是当遇到困难时，却因惧怕而轻易放弃；另有一些人在为自己心中的梦想努力的过程中，因为经不起外界的诱惑半途而废；甚至还有一些人每天都有新想法，今天对这个感兴趣，明天又转换了方向，结果什么都做不成。所以，很多企业的人力资源都反映说这些人没有冲劲，没有毅力，交给他们做什么事都做不好，似乎是扶不起来的阿斗。

乔治·伊士曼，伊士曼柯达公司的创始人，活跃而富有创造力的思维使得他在25岁时就成为一名成功的企业家，并带领伊士曼柯达公司走在美国业界的最前沿。而柯达的产生和成功还因为他全力以赴做事情的激情。

1879年的时候，伊士曼决定到圣多明各度假，应同事的要求，他花94美元买了一套照相器材，并学会了摄影，希望能够记录下这次旅途的美好景象。然而，令他烦恼的是，当时用的照相机太笨重：照相机大得如微波炉一般，并且还有一个必须配套使用的沉重的三脚架。为了能够在玻璃片上涂上照相乳液，他还携带了一顶帐篷。更为麻烦的是为了冲洗曝光板，他还要携带化学药品、玻璃桶、笨重的板架和一壶水。全套设备有整整一马车。而且这套机器操作起来还极为麻烦，更为糟糕的是稍不留神就会照成模糊的一片，让照相不是一种乐趣，变成了苦刑。

伊士曼暗暗下定决心要改进摄影器材，让照相像使用铅笔一样简单，使每个人都享受到照相的乐趣。下决心容易，做起来却很难。但是伊士曼每天从银行回家后，便一心扑进了研制轻巧方便的摄影器材工作之中，没有实验室，家里的厨房便成了他的实验室，他买来各种化学试剂做着各种试验，当时的照相技术还处于初创阶段，而对于化学，伊士曼完全是个门外汉，所以很长时间他的进展都不大，但是，功夫不负有心人，通过无数的实验，许多的秘密还是被他解开了。

伊士曼为了工作全力以赴，每次都把屋子遮得严严实实的，做着似乎永远也做不完的实验，感到累的时候就直接躺在地板上休息，醒了就接着干。但是这种无休止做实验的生活却没有让他感到苦，他的心里充满了创造带来的快乐。有一次连续做了四天的实验，晚上女朋友打来电话和他约定第二天早上约会，但是由于太过劳累，等他醒来已经错过和女朋友约定的时间。在类似于这样的情况发生无数次后，女友决定和他分手，虽然心中因为女友的离开，他很痛苦，但是，伊士曼还是决定把发明继续搞下去，并最终获得成功。

乔治·伊士曼能够成功改良照相机，改良照相技术并最终创建伊士曼柯达全赖于他不怕困难、全力以赴做事情的精神。

而那些做事拈轻怕重、敷衍了事，缺乏一种端正的做事态度，那些遇到困难就放弃和经不起外界诱惑就中途而废的做法，那些每天都有一个新想法，永远三分钟热度却从没有全身心坚持投入"空想"无论是哪种情况都不能获得成功。

做事缺乏端正的态度表明你缺乏成功的欲望，自然也就很难成功；半途而废只不过是浪费你的时间和精力；只空想，永远没有全身心投入实践，只能毫无所获。所以，想要获得成功，你必须全力以赴。

【企业家忠告】

1. 不惧怕困难

成功无易事！但是任何困难都是可以克服的，所以不要惧怕困难。在克服困难的过程中，你往往会学到很多东西，会为你以后的成功奠定基础，并且在一次次克服苦难的过程中你也会成长得越来越优秀。

2. 坚持不懈的努力

有句话说，万事开头难。但是更难的是做事的坚持，无论是遇到困难还是面临外界的诱惑，你都能坚持不放弃，继续努力，那么，你离成功就不远了。

3. 全身心地投入

"世上无难事，只怕有心人"虽然是句老掉牙的话，但却是成功的真理。全身心投入一件事情，不仅仅能让你享受到努力做事的快乐，也会带给你成功的幸福。

果断抓住机遇

校园里有这样一类大学生，他们往往个人能力很强，有些人甚至在某些方面出类拔萃，他们同样也渴望做一番成功的事业来证明自己的能力，但是，当机遇真正来临时，他们不是缺乏发现机遇的眼光，就是优柔寡断，在自身选择和机遇面前犹豫不断，摇摆不定，从而让机遇从身边飞走，而他们也因此错失了成功的机会。

最为糟糕的是，这些原本很优秀的大学生，由于缺乏果断的个性，在一次次与机遇擦肩而过的过程中最终沦为平庸之辈。于是他们常常感叹自己生不逢时，上帝从来不肯给自己一个成功的机会！他们将自己的不如意归给了命运，却没有从自己身上找原因。

李晓华，现任香港华达投资集团董事局主席，他是中国拥有法拉利的第一人，亚洲拥有劳斯莱斯的第一人，还是中国红十字基金会授予的名誉会长。

"果断抓住每一个机遇，是我今天的座右铭，也是我成功的秘诀"。李晓华说道。细看李晓华的成功史，你会发现他的成功正是因为他果断地抓住了每一次成功的机遇。

李晓华出生在北京一个普普通通的工人家庭，还是一个少年的时候，他就懂得只有努力才能获得。16岁时，他和当时中国的万千知识青年一样下了乡，后来又当了八年的兵。回到北京后，为了不给父母亲增加负担，他开始了一个男子汉的拼搏。为此，他当过锅炉工、炊事员，还做过贩卖服装的小本生意。

一次偶然的机会，在一次广交会上，他看到了一台美国生产的冷饮机，他当时意识到这台机子会赚钱，就倾其所有把它买了下来。正是这次果断地抓住机遇的行动，让他捞到了人生中的第一桶金。那年夏天，他带着这台冷饮机在北戴河买冷饮，很快实现了自己的原始积累。

1985年至1988年，李晓华到日本自费留学，在留学的过程中他还在日本经商。日本人生活水平比较高，比较注重个人形象，80年代中期，"101毛发再生精"在日本市场销售极好，一时成了抢手货。

李晓华又一次果断地抓住了机遇，他不惜将自己的奔驰车送给赵章光来换取日本市场的销售代理权，这不仅给李晓华带来丰厚的收益，而且也成了他事业的重大转折点。在李晓华的积极运作下，李晓华和"101"产品在日本家喻户晓，他被日本新闻界称为"中国学子中的佼佼者"。

在日本的成功并没有让李晓华停下脚步，他果断地挥师南下，将视线转到了房地产业。在东南亚投资高速公路。他敢于迎着风险开"顶风船"，当别的商家都选择撤退的时候，他却看出了不一样的机遇，又一次果断抓住机遇买楼、卖楼。当别人还没有从心惊中缓过神来时，他已经再次获得了成功。

就这样，李晓华凭借自己过人的智慧和勇气，完成了人生的"三步跳"。

李晓华能获得成功的关键就是具有旁人没有的、发现机遇的眼光，并且果断地抓住了每一次的机遇。

能力虽然很强，却缺乏发现机遇的眼光，这些人往往很难获得成功。因为，想要成功，不仅仅需要出类拔萃的能力，还需要恰当的机会让你来发挥自己的能力。

在机遇面前游移不定而错失机遇，缺乏的是一种果敢的个性。当机遇来临时，如不能当机立断做出决定，左右摇摆，你可能会失去更多。因为过多的权衡，患得患失，不仅仅浪费宝贵的时间和精力，到头来还会两手空空。

失败后不知道做自我反省，却把责任归于命运的做法是态度不端正的一种表现，以这种态度做事，无论经历过多少次失败与挫折，都不能从失败和挫折中学到对自己有用的东西，甚至下次还会犯同样的错误。

【企业家忠告】

1. 懂得取舍

人生中，让你左右为难的情况很多，但是想要得到一些，你必须放弃一些，成功固然需要选择，但是过多的考虑会让你错失机遇，所以当机遇来临时，要像雄狮果断取舍，才不会让机遇溜走。

2. 机遇需要充足的准备

面临机遇我们需要果敢地抓住机遇，但是果敢并不是莽撞，抓住成功的机遇需要我们再此之前做充分的准备，不然，只会造成机遇的流逝，更为糟糕的是因为不充分的准备让机遇演化成损失。

3. 主动创造机遇

成功从来不是等来的，俗话说，强者创造机遇，弱者等待机会。懂得主动为自己创造机遇的人，才会迅速赢得事业上的成功。

做事做到位

很多时候，在大学校园里，你会听到这样一句话"差不多就行了"：上课听老师讲课时，差不多听懂就行了，不求甚解；期中或期末考试时，差不多不挂科就行了，又不准备拿奖学金；平时做论文，资料收集得差不多就行了，又不打算发表。于是，大学校园里出现了很多的"差不多先生"和"差不多小姐"，这些人无论在哪一方面秉持的都是差不多原则，所以通常状况下他们未必是最差的，但他们一定不是最优秀的。很多时候这些大学生都处于一种不上不下的尴尬地位，但是他们都以自己活得轻松来安慰自己。

毕业后，这些人走上工作岗位时，依然把"差不多"挂在嘴上，保持着差不多的习惯：工作任务差不多完成了；老板真是讨厌，非要什么完美，差不多得了；事情做到一半感到困难，就想交给上司，甚至溜之大吉；辞职时，没有做完的工作甩手放在一边，根本想不到自己应该处理好剩下的环节……

李秉吉，三星集团的创始人。三星集团是韩国最大的企业。1985年，除美国外，三星集团在世界上排名第23位。韩国人说，没有汉城，韩国就失去了政治中心；没有三星，韩国就失去了经济王牌。李秉吉作为三星集团的中心人物他秉持的一直是第一原则，把所有的事情做到位，做到尽善尽美。正是因为秉持这样的原则，三星集团才会在李秉吉的领导下成为韩国的企业巨人。

三星集团拥有32家关系企业。涉及制糖、纺织、食品、电子、建筑、造船、金融、保险、证券、报纸、旅馆、百货公司、医院等，几乎网罗了各行各业，单单员工就有12万人。李秉吉要求所有的三星企业都必须凡事做到位，做到第一。建化工厂时，他要求建成世界规模最大的，设备最为先进的；兴建电子厂时，面积也要超过日本最大的电子厂；平时公司的管理，他要求尽量做到完善；员工的工作，他要求要尽善尽美，争取每一个细节都要完美。关于产品的质量，李秉吉说："生产品质低劣的产品，虽然不犯法，但是有失功德，将接受社会正义的挞伐。"所以，每当三星要开发新产品时，他都会先到世界各国搜集同类的最为高级的产品，以之为学习的对象。

当三星集团投资兴建新罗观光大酒店时，李秉吉指示说必须要建成韩国首屈一指的旅店。但是，建成后旅店设备输给了几乎和新罗同一天完成的乐天大酒店。因为这件事情，李秉吉把施工的负责人找来狠狠批评了一顿。

在人才的使用上李秉吉也坚持到位的原则。他六亲不认，唯才是用。每年的 2 月 11 号这一天，三星所有企业的负责人，都会因为个人的业绩表现，或奖或罚，或升或降，毫无人情可讲；任何不称职的主管，都会被予以免职。

在韩国国内，三星的知名度极高，已经达到妇孺皆知的地步。韩国做生意的人都讲这样一句话"三星是韩国商场上的大白鲨，不管是什么行业，三星一插手，别人就只能靠边站了！"由此，我们可以看到三星在韩国已经是名副其实的第一了。

三星能成为韩国最大的企业及韩国企业中的大白鲨，与其领导人李秉吉凡事要做到位，争第一的原则分不开。

凡事对自己的要求是做到差不多就行，是一种得过且过的心理。在学习上拥有这种心理，我们不求甚解，自然也就无法攀登到知识的最高峰；在为人处事上拥有这种心态，我们就无法让自己做到最好，自然也就无法让自己成为最优秀的人才；在未来的职场中，抱着"差不多"的心理工作，就会形成不负责任、敷衍了事的心态，只能让自己落后于人。现代社会竞争日趋激烈，我们只有在某些方面做到最好才能不被社会所淘汰。

所以，凡事都做到位，事事尽善尽美，我们才会趋于完美，才会更具有竞争力。

【企业家忠告】

1. 争做第一

比上不足，比下有余也许会让你活得轻松，但是你最终只能成为一个很平庸的人。更为糟糕的是，在这个充满竞争的社会里，当别人都在争做第一的时候，你怀着"差不多"的心态做事，结果往往不是"差不多"，而是"差太多"。所以，你要有争做第一的态度，这样你才不会被淘汰。

2. 做事追求完美

完美是永无止境的，但是我们可以向完美靠拢。把事情做到最好，是一种对工作全力以赴、务求完美的态度。真正的优秀人才就是秉承"如果一件事情值得去做，就要把它做到最好"这一观念的人。

3. 优秀源于用心

认真做事只能把事情做对，而用心做事才能把事情做好！用心做事才会调动我们身体里蓄势待发的力量，当我们对所要做的事情付出心思和诚意时，我们才会获得回报。

第 *6* 章
交际——良好的人际资源助你成功

交际无处不在，作为人类生存与发展赖以继续的一种行为模式，交际在人类社会历程中扮演了重要角色。伟大的革命导师马克思说："人是各种社会关系的总和，每个人都不是孤立存在的，他必定存在于各种社会关系之中，如何理顺好这些关系 如何提高生活质量就涉及了社交能力的问题。"

大学学什么？除了知识外，还有各种能力的培养，如：创新思维能力、独立思考能力、人际交往能力，其中人际交往能力的培养尤为重要。大学生进入学校的那一刻就已决定了其交际的需要。良好的人际交往能力以及良好的人际关系是大学生存和发展的必要条件，在校园建立良好的人际关系，不仅有利于大学生良好个性品质的形成，对于今后在竞争激烈的社会生存也有很大的帮助。

人脉是你最大的一笔存折

　　人脉是人一生中非常重要的财富，但是现在很多大学生不懂得经营自己的人脉。有些大学生认为经营人脉是进入社会后的事情，认为只有踏入了职场才能收获有利于个人职业发展的人脉关系。

　　还有一些大学生不注重经营与同学、老师的关系。在校园里，大学生接触最多的就是老师、同学等，这些资源是大学生唾手可得的，因此很容易被一些大学生所忽视。甚至有些大学生认为同学和自己一样都是学生，帮不了什么忙，而老师除了上课有交流根本没有必要联系。

　　另有一些大学生认为大学应该是学习知识的地方，这些大学生一般都很用心学习，对交际嗤之以鼻，觉得参加学校社团以及社会交际没有任何意义，而且浪费时间，于是他们便没有兴趣参加这些活动。

　　哈维·麦凯，是世界排名第一的人际大师，同时也是价值上百亿美元的麦凯信封公司的董事长。当年这位世界一流的人脉资源大师就是巧妙地利用人脉来推销自己，让自己找到一份好工作的。

　　当麦凯大学刚刚毕业时，正巧赶上美国的经济危机，全国经济萧条，麦凯找了很多家公司，但是都因为经济萧条，公司在裁员而被拒绝，于是麦凯刚大学毕业就加入了失业大军。麦凯的父亲是位记者，由于工作原因，他认识一些政治界和商界的重要人物。在他认识的人当中，其中有一位叫做查理·沃德的先生，他是全世界最大的月历卡片制造公司布朗·比格罗公司的董事长。四年前，沃德先生因为公司的税务问题遭人起诉而入狱服刑。当时，哈维·麦凯的父亲发现别人对沃德逃税的控诉有些失实。

出于职业素养和善良正义的本性，他奔赴监狱采访了沃德，并写下一些公正的报道。因为这件事情，沃德一直对麦凯的父亲心存感激。沃德从监狱出来后曾对麦凯的父亲说，如果将来孩子希望可以找到一个好工作，他可竭尽全力帮忙。此时，父亲想起了查理·沃德的承诺，便抱着试试看的想法让麦凯给沃德的公司打电话。

沃德听说是恩人的儿子，回答得十分干脆，直接定好了面谈的时间。为了这份面试，麦凯做了充分的准备，但是令他预料不到的是，招聘变成了愉快的聊天。沃德兴致勃勃地谈论起麦凯父亲那一段在狱中的采访过程，整个谈话的气氛都非常轻松愉快。聊了一会，沃德说："我想派你到我们的直属公司工作，就在对街——品园信封公司。"于是，麦凯顷刻间有了一份拥有最好福利和薪水的工作。

沃德给麦凯的不仅仅是一份工作，更是一份事业。42年后，哈维·麦凯已成为这家信封公司的老板，这家公司是全美最大的信封公司——麦凯信封公司。在品园信封公司工作期间，麦凯不仅仅学会了推销技巧和操作模式，更重要的是积累了大量的人脉，而这些人脉日后成了麦凯事业成功的关键。

麦凯能够找到一份好工作是因为他巧妙地利用了父亲的人脉关系，而之后他事业上的成功，很重要的一部分原因是因为他积累了大量的人脉。

　　人脉是一种资本，不少成功人士都善于利用这份资本去投资，收获成果。对于年轻人而言，若想在激烈的社会竞争中赢得一席之地，积累人脉、学会处世、掌握相关的社会规则至关重要。

　　很多大学生认为进入社会后才需要积累人脉，这种想法是错误的。从进入大学起，大学生就需要建立起人脉积累的意识，在生活中处处留心，和同学、老师处好关系。大学老师不仅是传道、授业，还可以对你毕业时的求职方面给予建议和帮助，尤其是一些老教授，他们阅历丰富，人脉也丰富，他们的帮助会让你的求职省很多力。此外，你的同学、学长、校友也将成为你人生中的一笔重要社会资源，在今后的人生中将为你提供或大或小的帮助。

　　此外，学校的社团和学生会也是积累人脉的好地方，也许你在那里认识的人以后将会成为你的重要人脉。

【企业家忠告】

1. 经营你的人脉

　　好人脉为你带来机遇，不善于经营人脉的人通常不能有效地把握迎面而来的机遇。所以，你要和周围的每一个人都建立起良好的关系。因为你所认识的每一个人都可能成为为你带来成功机遇的那个人。

2. 善于在人脉中捕获信息

　　你认识的人越多，你获得信息的过程也就越快，对信息的掌握也更为准确、全面。而往往丰富的信息就是发展的机遇。建立你自己的人脉网，你便有了自己的情报信息站。人脉越广，信息越广，你的机遇也就越多，也更容易获得成功。

3. 拥有好人脉仍需努力

拥有好人脉并不意味着你可以毫无能力，不需要努力就可以获得成功，好人脉只是给了你更多的成功机遇，想要成功，仍旧需要你不断提高自己的能力，付出极大的努力。

尊重他人的人必受人尊重

大学生在学校里不仅仅要学习知识，还要学习如何做人，尤其要学会尊重他人。可是有很多大学生不懂得尊重他人。在大学校园里有时你会看到这样的现象：一些女大学生打扮得光鲜亮丽，涂着唇彩，抹着腮红，全身上下都是名牌，但却往往自持高贵，对校园里的清洁工却不屑一顾，看到食堂打扫餐桌的阿姨常常露出嫌恶的表情。

在大学课堂上，满头白发、德高望重的老教授正在讲台上兴致勃勃地讲课，思路却总是被教室里不时响起的手机铃声打断，仔细观察教室，你会发现有人在兴致勃勃地玩手机，个别同学插起耳机听起了音乐，甚至有人吃起了零食。

还有一些大学生，自认为高人一等，看不起贫困生，对穿着打扮土气的学生冷嘲热讽，常常无所顾忌地揭人伤疤，或者有意无意地暴露别人的

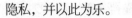

隐私，并以此为乐。

松下幸之助作为日本著名跨国公司"松下电器"的创始人，虽然只有小学文化，但是却有良好的个人修养。在他看来，社长并不是至高无上的皇帝，而是站在员工身后推动员工前进的人。所以，他从来不唯我独尊，在公司里十分尊重自己的员工，甚至亲自为尽力工作的员工端茶倒水。正因为如此，松下公司才能在他的管理下名扬天下，而他本人也被后世所敬仰。

松下谦虚，而且善解人意，十分细心。他总是很尊重别人。有一次，有一位叫做桥本明治的日本艺术院会员要到松下家赴宴，但是这位会员有个不好的习惯，吃饭比较快，这在日本人看来是十分不礼貌的做法，但是他总是改不过来。临去赴宴前，他受到了妻子的严厉警告：吃饭时要放慢一点速度。

到了松下家之后，桥本明治十分紧张，生怕待会吃饭快了会出洋相。谁知，开饭时，松下忽然对他说："桥本先生，我吃饭是非常快的，请你不要介意。"松下的一句话，让整个屋里的拘谨气氛一扫而光，同时也让桥本明治心存感激。

后来，当桥本明治为松下画像时，松下认为自己说话会影响到桥本明治的工作，就建议保持沉默，这让桥本非常感动。

松下幸之助能够成为一个优秀的管理者，并为后世所敬仰的一个重要原因就是，他懂得尊重别人，能够在细微之处顾及别人的面子。

那些自持高贵看不起他人、不尊重师长的做法是很浅薄的。任何人都应该得到他人的尊重，职业无高低贵贱之分，只有分工不同。我们没有理由、也没有资格用不屑一顾的态度去轻视他人。每个人都是平等的，没有人高人一等。

尊重其实是相互的，不尊重他人就是不尊重自己。只有你尊重了对方，对方才会尊重你。如果你粗鲁地拂去别人的面子，又怎能让别人来给你面子呢？

尊重是一种人权，一个人步入社会，如果不懂得尊重的基本交际规则，则会让自己寸步难行。职场中，尊重老板，尊重同事，尊重客户都是作为一个职员应该做到的。而一个夜郎自大，狂妄高傲的人则很难立足职场，立足社会。

【企业家忠告】

1. 尊重他人的观点

不管是在大学的学习中，还是今后步入社会，我们都难免就某个问题和他人进行交流，此时，要懂得尊重他人，你可以不同意别人的观点，但必须尊重别人的观点。这样才能做到真正有效地交流。

2. 尊重他人的生活习惯

不管是在学校里，还是在今后步入社会中，我们都难免与来自五湖四海，不同地域和不同成长环境的人相处，此时，要懂得尊重他人的生活习惯。比如吃饭穿衣等日常生活习惯，我们都要用一种理解、包容的心去对待。

3. 尊重他人的隐私

隐私往往事关他人的名誉和自尊，也许你是出于无意，也许你只是出于玩乐的心理暴露了他人的隐私，但不管是什么原因都会因为你的过错对他人造成伤害，而你的行为轻则损害彼此之间的关系，重则触犯法律。所以，尊重隐私也是尊重他人的重要表现。

学会给人留面子

俗话说，树要皮，人要脸。这句看似简单的古老的格言却说出了人性的特点：人都是爱面子的。所以在人际交往中，有这样一个观点：给别人面子，就是给了自己一份厚礼。但是许多大学生因为年轻，喜欢争强好胜，不懂得给别人面子。

很多大学生在和朋友争论某个问题时，往往你一言我一语，话赶着话，互不相让，争论越来越激烈，最后导致一方恼羞成怒，由讨论问题转向了人身攻击，另一方以怒制怒，两人不欢而散。一场朋友间的交流变成了破坏友谊的导火线。

还有一些大学生平时和师长交流时，不懂得给师长留面子，自认为对某事有高于师长的见解，就毫无顾忌地高谈阔论，批评对方的观点，不顾及师长的感受，只图自己一时之快。

池田大作是日本创价学会名誉会长、国际创价学会会长。关于企业管理，池田大作说："只有坚持人的尊严，才能有力抑制人的自然性。"

池田认为，每个人都很看重自己的面子，但是，你要别人给你面子，你也要给别人面子。所以，在平时的工作中，上司一定要给自己下属留面子。因为，下属也是人，他有自己的自尊心，如果不给他面子，就算他当时没有和你争辩，在以后的工作中也可能不给你面子。

池田还提醒管理者千万不要在客人或者第三者面前批评指责下属，否则，当事人会觉得自己此刻所扮演的角色是他人生中最恶劣，最糟糕的时刻，强烈的羞耻心会涌上心头。所以，管理者一定要给下属留面子，不在有第三者的情况下批评下属，这样才会有利于建立彼此间的信赖关系。他还强调，每一个管理者都应该明白，人的自尊心是受保护的。明智的领导不仅仅会尊重下属的人格，还会增强下属的自尊心。因为这样，下属就会求上进，努力为企业工作。而下属的自尊心受到伤害，就会感到很没有面子，那么对领导的指示，就很难做到尽心尽力。甚至，他还会积极筹划离开本单位，那么，作为管理者的面子也会受到不同程度的损伤。

池田同时指出，管理者在责怪下属今天的错误时，引用过去是不恰当的。揭人疮疤除了让人不愉快之外，解决不了丝毫问题。并且还会让下属寒心。所以，在批评下属时，要运用正确的责难方式和态度，这样，才会被当事人接受。不然，不仅对解决问题没有帮助，还会使受辱的一方心怀不平，甚至怀恨在心。这样一来，无论他是辞职不干还是在工作中不予配合，对于管理者的面子都是一种损伤。所以给下属面子，是实际工作的需要，也是管理者面子的需要。

人际关系中，面子代表了一个人的形象和自尊，正常人没有不在乎自己面子的，所以懂得"面子"的学问对人际交往来说有着重要的作用。

面子是中国人为人处世的通行证。无论办什么事情，中国人都习惯讲究"面子"。比如，我们经常能听到人们说："我是看在××的面子上才……"，"就当是给个面子……"，面子，没有重量，却在人们心中有着极为重要的分量；没有体积，却涵盖着一个人的尊严和名誉。

留面子是一门学问，不会留面子的人将很难取得别人的信任和好感。试想，一个时时揭露别人的短处，不留情面的家伙如何会有人喜欢呢？在职场中，你要学会给别人留面子，给自己的老板留面子，将会得到老板的欣赏；给同事留面子，将会得到同事的爱戴；给客户留面子，将会得到客户的理解。

只图自己一时痛快，不给他人留面子，这是人际交往的大忌，也是不尊重他人的一种表现。所以，作为大学生，要从大学开始就锻炼这方

面的能力，这样才能在今后步入社会后成为职场中受人欢迎的人。

【企业家忠告】

1. 批评他人时，要给对方留面子

谁都会犯错，只有不懂得交际的人才会在与人交往的过程中把话说死、说绝。例如："你实在是太笨了""你难道没有长脑子吗？动手前怎么不想想啊！"这样侮辱性的言语是人际交往的大忌。

2. 帮助他人时，要给对方留面子

你帮助他人往往出于善良与好意，但如果帮助他人时没有给对方留面子，那么你的好意就减半了，甚至适得其反。所以，当你帮助别人时一定要真诚自然，不要让他人感觉有负担，偶尔也要接受他人的帮助，这样"礼尚往来"，对方才会觉得自己有面子，那么你也就有了面子。

3. 把荣誉给师长

在工作和学习中得到荣誉，不要忘记把这些功劳让给师长、上司，切忌独自享受鲜花和掌声，例如；你可以说"我今天取得的成绩全赖于您的教导和帮助"，既表达了对师长、上司的感激，也会让他们更加欣赏你，在以后给予你更多的帮助。

修养是你的金字招牌

修养是个人魅力的基础，良好的个人修养往往最能体现一个人的品位和价值。一个人只有具有比较高的修养，才会具有个性和人格魅力。但是，很多大学生虽然接受了高等教育却缺乏自身修养。主要体现在以下几个方面：

缺乏公德意识。这些大学生自以为是天之骄子，缺乏基本的礼貌和礼仪。不尊重老师、长辈；不维护公共卫生；在公共场合大声喧哗或做一些不雅动作；在学校的课桌上乱刻乱画，内容粗俗，造成严重的精神污染；有些大学生言语粗俗，举止不雅；有些大学生性格孤僻，自制能力差，不善于交往，缺乏宽容与合作精神。

缺乏责任感。有些大学生，不顾父母辛劳，只追求高消费；一心玩乐，荒废自己的学业；将恋爱视为儿戏，导致严重后果而觉得无所谓；个人主义倾向严重，公益公众活动一概不参加。

缺乏诚信和正义感。在大学里，考试作弊屡禁不止；毕业就业时，一些大学生轻易签约，遇到更好的用人单位又以各种理由毁约；在评干选优时，弄虚作假贿赂老师；面对社会的不公正现象，事不关己，高高挂起；面对违法行为，视而不见，听之任之。

海尔集团能在市场竞争中立于不败之地。是因为海尔集团的董事局主席兼首席执行官张瑞敏始终以特殊的"君子"风度影响着企业文化的塑造和传播。而张瑞敏本人也由于其极高的个人修养被人称为"儒商"。

尽管是一个商人，但是张瑞敏却是一个书卷气很浓的人。他的一举一动，一言一语都显出深厚的修养。为人子，他极孝顺；为人夫，他极专情；为人父，他极关爱；三代同堂，和美无间。他不吸烟，不喝酒，谈锋犀利，但大多对事不对人。有一个熟悉他的人写诗喻其为："成熟的谷穗，总是深深地低着头"。

从踏入社会的第一天开始，张瑞敏无论在什么样的环境中都坚持"和而不流"的人生理念，化解人与人之间的矛盾冲突，平衡自己的心态，让周围的环境变得融洽。从企业的学徒工、班组长、车间主任、副厂长、市家电公司副总经理到海尔冰箱厂厂长、总经理、集团总裁，他一步一个脚印。每一步都走得踏踏实实。张瑞敏有个很大的特点：冷静。尽管他现在已经做出了很大的成就，但是从未有过飘飘然的心态。他在接受《名牌时报》记者采访时说："人都有七情六欲，一件事干成了总是非常兴奋，但兴奋之余怎么能保持冷静就是大问题。"

无论是对待成功还是失败，张瑞敏都怀抱平常之心。对于《三国演义》中同是五虎上将的关羽、张飞虽曾叱咤风云，但结局甚惨，与赵云形成明显的反差。张瑞敏分析道："《资治通鉴》中曾有深刻的评说：'然羽刚而自矜，飞暴而无恩，以短取败，理数之常也。'刚愎自用，居功自傲的人只能失败。"所以，张瑞敏无论是面对市场，还是人生都静处从容，得失无所萦心，表现出"有容乃大，无欲则刚"的人格魅力。

海尔集团能在市场竞争中立于不败之地的一个重要原因是：张瑞敏以高尚的个人修养影响着企业文化的塑造和传播。

修养是一个人的金字招牌，是否具有良好的个人修养不仅影响他人对你的评价，还会影响你将来的人生发展。

杨澜说："在与别人交往的过程中，谈吐与修养是最能征服别人的。"

修养是一个人保持魅力的基础，有修养的人懂得尊重他人，体谅他人，宽容他人，因此更容易得到他人的敬重和喜爱。

很多大学生缺乏公德意识和基本的礼仪，不仅会给他人造成许多不

便，并且还会降低你在他人心中的地位，同时你也不被他人所尊重。所以，大学生在大学校园里就要有意识地培养自己的修养，如此才能在步入职场后，让修养为自己的事业加分。

【企业家忠告】

1. 干净得体的外表

一个有修养的人绝不会是一个邋遢的人，无论任何时候，干净得体的外表都会为你加分不少。我们对一个人的第一印象通常来自外表，把自己弄得干净得体，不仅会给他人留下好印象，同时也是尊重他人的一种表现。

2. 谈吐优雅

在与人交往中，如果你满口脏话，言语粗俗，甚至恶语伤人，只会引起他人的反感，而如果做到谈吐优雅，就会给人留下好印象，也更有利于营造良好的人际关系。

3. 言行举止有礼

言行举止是否有礼是评判一个人是否具有良好素质修养的基本标准。在人际交往中，谦逊有礼的言语和礼貌的举止，是你良好道德情操和文化修养的外在表现，会大大提高你在他人心中的地位。

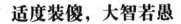

适度装傻，大智若愚

俗话说，花要半开，酒要半醉。适度装傻，大智若愚历来被推崇为高明的处世之道。但是，现在的大学生受到社会浮躁心态的影响，再加上年轻人喜爱崭露头角的心理，大部分人都很难做到这一点。

一些大学生，自持有才华，渴望通过表现自己来得到大家的承认，所以在日常生活中为人处事常常锋芒毕露，得理不饶人，给人一种张狂、咄咄逼人的感觉，最终不仅他们的才华不被大家所承认，其为人也被众人所反感。

还有一些大学生在取得一些成绩后，就志得意满，在众人面前趾高气扬，目空一切，不可一世。这样的大学生往往不会被众人所接纳。

吴三连，自立晚报、台南纺织的创办人，台湾省前省议员，前台北市市长，也是台湾日治时期与战后台湾民族运动、社会运动及政治运动的先驱人物。

吴三连为人有个重大的特点就是大智若愚。他崇尚郑板桥的"难得糊涂"，尤其是在金钱的问题上，他坚持糊涂的态度。

吴三连年轻的时候在日本的一所商科大学读书，毕业后找了一家报馆做记者，为了上班，他租房子居住，时间久了，觉得很不方便，所以，吴三连决定要自己买一栋房屋。第一次刚刚存够买房子的三千日币，太太却生病。于是，这笔钱只能用做太太的医疗费，幸运的是钱花光的时候，太太的病也好了。第二次，吴三连又存了三千日币，不料，这次孩子却又生病了，只好再次把这三千日币当成医疗费。过了一段时间，吴三连又一次存了三千日币，但是这三千日币和前两次一样没有用做买房子。因为正巧吴三连有一位朋友需要三千元做担保，不然就要坐牢。吴三连只好把钱借给朋友去应急。从此吴三连不再刻意去追求财富。对金钱难得糊涂，贯穿了吴三连的一生，也正因为如此，他的晚年才过得很快乐。

吴三连还说："做人要假糊涂，真聪明。"什么是假糊涂呢？他认为假如你的部属兴致勃勃地向你提供意见时，你千万不能只听了一半就毫不客气地打断他的话说："这个构想我早已想到了，你不用再讲了！"这样会挫伤你部属的积极性，同时剥夺了他参与表现自己的机会。即使你已经知道这个构想，你也要假装糊涂耐心地听完部属的建议，这样一来，你的属下会觉得自己受到了重视，自己的努力没有白费，那么以后他就会更踊跃地提供建议，许多有价值的构想也会源源不断而来。吴三连正是用这样装糊涂的办法，鼓励部属提建议，得到很多对企业发展有利的构想。

吴三连对金钱的态度是难得糊涂，不刻意追求，正因为如此，他才活得比较轻松。而假装糊涂的做法，鼓励了部属建言的积极性，使他获得更多对企业有益的构想。

自恃有才华就恃才自傲、锋芒毕露是不懂得为人处世之道的一种表现。锋芒太露易遭嫉恨，更容易树敌。所以一个人，尤其是一个有才华的人，要做到不露锋芒，这样既不给身边的人压力，又能充分发挥自己的才华。尤其要克服骄傲自大的心理，凡事不要太咄咄逼人，要养成谦虚的美德。这样你才能在发挥自己才华的时候不伤害到他人。

因为取得了一些成绩就不可一世，目空一切，这是很幼稚的。为一点成绩就骄傲自大也是很浅薄的做法。况且，当你志得意满时，趾高气扬只会让你成为众人的枪靶子。所以无论你取得多大的成绩，有怎样出众的才智，都要保持谦虚低调的态度。收起你的锋芒，谦虚做人，踏实工作，给他人留一份余地，这样你才会收获更良好的人际关系。

【企业家忠告】

1. 懂得适度装傻

装傻并不是真傻，而是大智若愚。人际交往中，装傻可以给人面子，自找台阶；也可以不露高明，迷惑对手；可以故作不知，以退为进。总之，适度装傻，会为你带来许多意想不到的好处。

2. 不要"外表聪明"

要做到大智若愚的境界，首先最要不得的是"外表聪明"，外智而内愚，实愚也！小聪明斤斤计较，过于算计，在生活中惹人生厌。聪明固然很好，但是锋芒毕露，容易让人心生压力，处处防备，甚至遭人暗算。

3. 加强自身修养

大智若愚是一种境界，要达到大智若愚的境界，就要提高自身内在的修养，做到对世事的大彻大悟。此外，事事参悟，以自己的参悟身体力行，你就会达到大智若愚的境界。

有"礼"走遍天下，无"礼"寸步难行

现在很多大学生是独生子女，在家娇生惯养，于是产生了唯我独尊的心理。这些大学生往往不懂得尊重别人，不懂得如何与别人友好相处，更不懂得礼貌待人。

在大学校园里，常常有老师感叹，现在许多大学生不懂礼貌，上课迟到不打招呼就直接进教室；在课堂上接电话；路上碰到老师不理不睬；在老师休息的时间给老师打电话或发短信……也常常有一些用人单位抱怨现在的大学生不懂得基本礼仪，面试的时候态度高傲……

这些不懂礼貌还表现在不懂得礼貌用语的使用，与人打招呼张口就是"喂"，让别人帮忙不用"请"，用的是命令的语气。接受别人的帮助不知道说"谢谢"等。

身高仅 1.45 米的原日本明治保险公司理事，亿万富翁原一平，被日本人誉为"推销之神"，原一平能够获得事业的成功，除了他追求事业忘我拼搏的精神，还得益于他谦虚谨慎、戒骄戒躁的品行。另外他还广交朋友，为自己的事业奠定了基础。最后还有很重要的一点，就是他很重视礼仪。

日本是礼仪之邦，尤为重视礼节。但是当原一平刚刚进入推销界时，是一个"桀骜不驯"不太重视礼仪的新人。有一次，原一平曾因为礼仪碰了一次钉子，而正是这件事情，引起了他对礼仪的重视。

那天，原一平去一家烟酒店拜访客户。由于这位客户是老业务员促成的新客户，但是已成为客户。所以，原一平就显得比平时松散，漫不经心，甚至他头上的帽子也戴歪了，领带也系得松松垮垮的。原一平一边说晚安，一边没有敲门直接拉开了烟酒店的玻璃窗。应声而来的是店老板。店老板看到原一平随便而没有礼貌的样子，破口大骂："你是什么态度，竟然这样没有礼貌，我就是因为信赖明治的员工才投了保，谁知道明治的员工居然这样随便无礼！"最后，店老板因为原一平的无礼而拒绝了原一平要求他续保的要求。

原一平此时方知失礼，他惊恐万分，连忙正帽跪地赔礼来给老板道歉。原一平知错就改的态度感化了老板。老板不仅没有退保，还将原订的 500 元保费追加到 3 万元，给了原一平一个意外的惊喜。从那以后，原一平十分重视礼节。同时他意识到：推销是一门深奥的学问，必须提高自身的修养，于是他坚持每星期都读书，提高自己。

多年之后，原一平获得成功，在世界"百万美元圆桌会议上"，有人问这位 20 世纪最优秀的推销员，他成功的秘诀是什么，原一平认真地说：注重礼仪。

因为偶尔一次对礼仪的忽略，原一平"碰了个钉子"，又因为对礼仪的重视，原一平获得了成功。

不懂得基本礼貌，不仅是缺乏礼仪素养的一种表现，而且会影响个人的发展。礼貌是拉近自己和他人的一座桥梁，懂礼貌会更受他人的欢迎。随着社会的发展，礼仪越来越被人们所重视，现代社会已经将"不懂礼貌"定为继"不识字"、"不懂计算机"之后一种新的文盲表现。不懂礼貌，会引起他人的反感，使你与他人的交流产生障碍。同时，礼貌也是一种技能，是基于获利需求的一种手段。不懂礼貌，你就失去了一门技能，你对社会的需求也就无法得到满足。

不懂得使用礼貌用语，讲话生硬，同样是缺乏礼仪素养的一种表现。这种做法也往往使他人反感，不利于人与人之间的友好交往。礼貌用语是礼仪的载体，恰当使用礼貌用语不仅可以拉近与他人的距离，同时也是尊重他人的一种表现。

【企业家忠告】

1. 以礼待人

毫不夸张地说，生活中最重要的是文明礼貌，它比最高深的智慧都重要。在人际交往中，以礼待人，往往传达出了你对别人的尊重，你对他人尊重，自然容易获得他人的好感。以礼待人，可以让你的人际交往更为通畅。

2. 善用礼貌用语

日常生活与他人打交道时，要多用"请"、"谢谢"等这些礼貌用语，尤其是你在请求他人帮助时，恰当地使用礼貌用语会使你更容易获得他人的帮助。

3. 提高自身素质

真正的礼貌不是单纯外在行为的举止和言语有礼，它往往来源于内在自身的修养。当你拥有良好的修养，即使没有讲特定的礼貌用语，你给他人的感觉也是亲切有礼的。

第 7 章
心态——心态决定成败

西方俗语:"你的心态是你真正的主人。"

马斯洛说:"心态改变,态度跟着改变;态度改变,习惯跟着改变;习惯改变,性格跟着改变;性格改变,命运就跟着改变。"

有什么样的心态,就有什么样的命运。

人不能选择命运,但可以选择心态。

良好的心态是一个人的人生智慧、理性、阅历和磨炼的结晶。

大学是一生中重要的转折点和加油站,在大学中努力培养良好的心态,在之后的人生道路上你才能用平常心看人生,用积极和谐的心态对待世界。"生活像镜子,你笑它也笑,你哭它也哭。"用良好的心态拥抱生活,生活也会给你美好的未来。

自信的火种不可灭

　　自信、乐观本是大学生应有的基本心理素质，但是根据最近的一项调查结果显示：有近七成的大学生不够自信，其中有超过 10% 的大学生明确表示很不自信，有 5.6% 的大学生甚至常常感到很自卑，仅仅有不到三成的大学生表示很自信。

　　在大学生群体中，你经常会听到这样一些话："我不敢去竞选学生会主席，因为我怕没有人支持我！""我的文章写得不错，但是我从来不敢给报社投稿，因为我感觉可能还不够好！""我想我还是下次申请优秀论文吧，我感觉这次的很一般。"说这些话的大学生往往很优秀，他们的文章或者论文也很不错，但他们就是对自己的能力或作品不自信。

　　约翰·皮尔庞特·摩根，美国的银行大王，被称为世界债主。作为美国近代史上最著名的金融巨头，他的一生做了很多影响巨大的事情。但是，最辉煌的一件事是，在他退休时，几乎以个人之力扭转了 1907 年的美国经济危机，成为美国人的救星。对于摩根来说，他的成功依靠的不是靠山和后台，而是自信，自信让他创造了许多奇迹。

摩根幼年的时候，他的父亲只是一个小商人。当摩根毕业从国外回来时，他的父亲已经成为一个拥有巨资的成功商人。但是摩根喜欢独立，决不依靠父亲。21岁的摩根时常说："不错，我是乔爱斯摩根的儿子，但我并不想借此而站立在世界上，我要成为一个独立的奇男子。"就是由于这份自信，摩根不凭父亲，进入纽约的达卡西玛银行实习，从低层做起，学会了国际间的复杂贸易关系和世界金融的微妙趋势。摩根工作很出色，但是由他的自信带来的过人胆识与冒险精神却经常让总裁邓肯心惊肉跳。

一次，在摩根从巴黎到纽约的商业旅行途中，途径新奥尔良码头时，遇到一个陌生人。那陌生人敲开他的舱门对他说："你是搞商品批发的吗？我有一船咖啡需要处理。这些咖啡是一个破产商人的，他把这咖啡给我抵做运费，我愿意半价出售，但是必须是现金。"说完拿出一把咖啡样品。摩根看了一眼样品说："我买下。""摩根先生，您太年轻了，谁能保证这一船咖啡的质量都与样品一样呢？"他的同伴看到摩根要轻率买下这船还没亲眼看见质量的咖啡，在一旁提醒道。同伴的提醒是有道理的，因为在当时，坑蒙拐骗之事屡见不鲜。但是摩根相信自己的眼力。他兴致勃勃地给邓肯发电报。可是邓肯的回电是"不准擅用公司名义，立即撤销交易！"摩根决定向父亲求助。望子成龙的父亲同意他使用自己在伦敦公司的账户来偿还从邓肯公司账户上划出的买咖啡的钱。之后，摩根又在那个卖咖啡的商人的介绍下，买下了许多船咖啡。

事实证明，摩根的决定是对的。在摩根买下咖啡不久之后，巴西咖啡遭到霜灾，大幅度减产，咖啡价格上涨两三倍。摩根旗开得胜。

摩根能够旗开得胜，赚取第一桶金，除了他的胆略和冒险精神，更

重要的是他的自信，他相信自己的能力和判断。

有自信者不需要别人给他提供靠山和后台，他可以自己创造奇迹，因为自信可以让一个人的才干取之不尽，用之不竭。

信心是一个人成功的根基，一个没有自信的人在做事时没有冲劲和毅力，就势必难以取得较好的成绩。而一个信心十足的人，无论任何时候，哪怕面临困境，也有坚强的信念打破坚冰，走向胜利。

当代很多大学生不自信，这不仅不利于他们的身心健康，还将不利于他们将来的发展。因为，一个人想要做一项成功的事业，才干固然需要，但是自信则是更重要的因素。因此，要获得成功，无论是从心灵上，还是言行、态度上，你都必须拿出"自信"这个精神来。这样，你才能抓住一切有可能成功的机会。

【企业家忠告】

1. 不要惧怕犯错误

犯错误很正常！因为惧怕错误而不敢抓住成功的机遇是因噎废食的表现。想要成功，就不要惧怕错误，要知道，只有在错误中，你才会得到最接近成功真谛的成长！所以，当你想要做什么时，不妨去做吧！不要因为怕犯错而关闭了你成功的大门。

2. 不要苛求自己

很多时候，你不自信，是因为，你太过苛求自己。所以你永远也没有办法让自己满意。不要太过苛求自

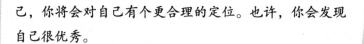

己，你将会对自己有个更合理的定位。也许，你会发现自己很优秀。

3. 多给自己锻炼的机会

在读大学的时候，要利用一切机会让自己多锻炼，这样，实践多了，你就会有更多的成功经历。这些经历会让你更自信。纵使没有成功，你也能从失败中汲取很多成功的经验，为将来的成功做好准备。

注意培养自己的受挫力

在生活中，我们总会遭遇挫折，但是当代很多大学生由于成长经历一帆风顺，尤其是一些城市独生子女家庭出身的大学生，从小生活环境比较优越，父母又大多对他们百依百顺，所以往往经不起生活中的各种挫折和打击。许多大学生经历挫折后经常会有消极的心态和做法。

如：有些大学生中学成绩一直名列前茅，到了大学却处于中等位置，就丧失了信心，甚至变得自卑起来；有的大学生原本志愿是进入名校，但是现在念的却是一般院校，总是接受不了，甚至产生轻生的念头；还有些大学生因为与人发生矛盾或恋爱失败就情绪极端、意志消沉，影响了正常学习。

李·艾科卡是前"福特汽车"、"克莱斯勒"总裁。福特新车型"福特野马"的开发负责人，因为使美国三大汽车公司之一的克莱斯勒汽车公司起死回生而声名大噪，素有'美国产业界英雄'的称号。人们佩服他的经营才华，却不知道他的才华都是从许多挫折中磨练出来的。

1956 年，艾科卡担任福特汽车公司费城地区的销售主管。那一年，福特公司新车销售的重点是车子的安全性。为了证明车子的安全性，公司特别拍了一部影片。在影片中，公司说明新车安全的原因是因为新的防护垫特别厚，即使从两层楼之高处丢下鸡蛋，鸡蛋也不会破，而是从垫子上弹开。公司要求各地的销售主管把这部影片放给经销商观看，来证明汽车的安全性。

然而，艾科卡看完影片后，却不打算放影片。取而代之的是，他决定用自己的新灵感。他决定在一千一百位经销商参加的新车发表会上，当场丢鸡蛋到防护垫上，以证明新车的安全性。当开始演示时，他把防护垫铺在讲台上，拿了一盒鸡蛋爬上一座高楼。然而，情况超出了他的预料。当第一个鸡蛋丢下时，鸡蛋没丢中垫子，在地板上破碎了，经销商顿时哄堂大笑。第二个鸡蛋丢下去时，丢到了这边助手的肩膀上，再度引来经销商的大笑。接着第三个、第四个鸡蛋都掷在垫子上，不幸都破掉了，引来一阵"嘘声"。这时艾科卡早已紧张得冷汗直流。但是，他并没有放弃。所幸上天保佑，第五个总算达到预期的效果，全场的经销商都起立喝彩。

事后，艾科卡想，这次扔鸡蛋的经历就犹如人生，前几次你都会经历挫折，但是，如果你扛住了，坚持下去，下次也许就会成功。正是由于拥有这样的信念，无论以后遇到什么样的挫折，艾科卡都告诉自己坚持，最终获得了自己的成功。

艾科卡能够成功，是因为他从扔鸡蛋实验得到的宝贵经验：面对挫折要有抵抗力。正因为他极强的抗挫能力，所以他打败了挫折。

经不起挫折的考验，仅仅因为一个很小的挫折就意志消沉，甚至产生轻生的念头，这是弱者的行为，同时也不利于自己的发展。因为挫折就一味消沉下去，只会让你时刻笼罩在生活的阴影下走不出来，而因为遭遇挫折就产生轻生的念头更是极不珍惜自己生命的体现。

人生在世必遭患难，一个人要成大器就必须经历挫折。对于强者来说，挫折是一笔财富，可以从挫折中汲取成功的经验。当代大学生无论在学校的生活学习，还是将来走上社会都难免碰壁，遭受很多人生挫折，若经不起挫折只会成为人生的失败者，所以我们应该培养自己的抗挫能力。

【企业家忠告】

1. 相信自己定能战胜挫折

在挫折面前有个必胜的信念，你就不会被挫折打倒！遭遇挫折不妨给自己做一个积极的心理暗示"这件事并没有那么难以接受，我很快就会战胜它的"，你会更容易战胜挫折。

2. 让自己快速走出挫折

遭受挫折，长时间的消沉，只会让你遭受更多的挫折。所以，最好的做法是让自己快速走出挫折。这时，你不妨强迫自己做些别的事情，转移下注意力，这样，你会很快走出挫折。

3. 把挫折当成一笔财富

挫折会让你不好受，但是它同时又是一笔财富。往往失败比成功能教会我们更多，我们可以从挫折中学到更多的人生智慧。

胜不骄，败不馁

骄傲自大是很多优秀大学生容易犯的毛病，这些大学生往往在取得一些成绩后，容易因为自己的成绩产生骄傲自满心理。他们因为自大不能和同学友好相处，常常有高高在上、盛气凌人之感。对于师长的批评、建议心中不以为然，很难虚心接受。

然而当他们遭遇失败后，通常因不能接受失败的现实而意志消沉，往往由一开始的自信走向自卑，以前感觉自己无所不能，现在感觉自己什么也干不好，在失败的阴影里不断徘徊。

史玉柱，巨人投资董事长。1995 年被列为《福布斯》中国大陆富豪第 8 位。从巨人汉卡到巨人大厦，从脑白金到黄金搭档，史玉柱是中国最具有传奇色彩的创业者之一。1991 年，巨人成立，史玉柱五年就跻身财富榜第八名，巨人大厦停工，他一夜负债 2.5 亿。但是却迅速东山再起，再次创业，成为一个保健巨鳄、网游新锐，身家数百亿的企业家。纵观史玉柱事业的跌宕起伏，可以用这样一组词来形容他"胜不骄，败不馁"。

1994 年，史玉柱决意要盖一座自己的大厦——巨人大厦。他意气风发地想要盖"中国第一高楼",于是这座原本 18 层的房子突然间被拔高到 70 层,尽管他当时手中的钱仅仅够为这座楼打桩。

1997 年,巨人大厦因为资金不足坍塌下来。史玉柱负债 2.5 亿。然而,史玉柱说"当我真正感到无力回天时,就完全放松了!"史玉柱后来对媒体说在他人生最低谷的时候,他经常一个人在房间里面,检讨自己的错误,反思若要再创业,哪些是需要克服的。他还和内部员工开会,让大家批评指正他。

1998 年,史玉柱重新回到了原本良好根基的保健品。2004 年,史玉柱又开始做征途网络。2007 年史玉柱的身价突破 500 亿元。2009 年,福布斯全球富豪排行榜,史玉柱以 15 亿美元居 468 位,在大陆位居 14 位!

短短的几年时间里,史玉柱再次成就一个成功者的财富传奇。站在很多人一辈子都难以企及的财富顶层,史玉柱却说:"现在我看事情,都是一种很平淡的感觉,就是'神马都是浮云',确实跟年轻的时候不一样。年轻的时候,尤其是摔跤之前的我,跟现在完全是两个人。那时候我好像什么都在乎,什么都想要,最后啥也没有了。现在就看淡一点,其实非常好,自己又很幸福,企业发展还不一定慢,个人生活说不定过得更好。人在顺利的时候、成功的时候,要胜不骄,在失败的时候不要轻易服输。你有不服输的这股劲头,再难的关都能过。所以我建议创业者在这个阶段能坚强一点。"史玉柱用自己的话总结出了成功的真谛。

史玉柱从曾经欠债两亿多的"中国首负"、"中国最著名的失败者",到今天有数百亿资产的商业"巨人",他能够缔造这样一个财富传奇的原因是"胜不骄,败不馁"。

成功和失败是很正常的,从来没有人能够做到常胜不输。智者和愚者的区别就在于他们对待成功和失败的态度。输赢都是很正常的,智者能够在胜利面前保持冷静，在失败面前保持信心。而愚者要么被胜利冲昏头脑，要么在失败的打击下一蹶不振。

成功时骄傲，你就不能看到成功背后隐藏的问题，那么，当问题积累到一定程度，你就走向了失败。而失败时一蹶不振，你就永远走不出失败。所以成功时，要居安思危，失败时，要把失败当成走向下次成功的阶梯。这样，成功才会经常与你相伴。

【企业家忠告】

1. 要有冷静的头脑，低调的心态

成熟的谷穗都是深深地低着头的，如果在你取得一点成绩时，就趾高气扬，则难免引起他人的嫉恨，也会让自己的虚荣心迅速膨胀，这样就会造成自己停滞不前。而冷静的头脑、低调的心态则能让你时刻清醒地认识到自己的能力，也认识到天外有天的道理。

2. 塑造自己坚强的性格

性格坚强，才不会轻易被一时的失败所打倒。当你拥有坚强的性格，凡事自强自立，遇到困难也坚持奋进，而不是畏难而退时，你离成功也就很近了。

3. 培养自信心

你的自信心很重要，在干一件事时，首先要有勇气，坚信自己能做好。这样，你才有可能成功。面对失

败，你更需自信，自信有能力走出人生的低谷，这样你才不会在失败面前一蹶不振。

4. 做事前充分考虑

在做一件事时，要有自信心。而当你具体实施时，就应该考虑可能遇到的困难。这样即使你失败了，也会因为是事先在心理上做好了准备而不至于造成心理上的大起大落，导致心理失衡。

乐观情绪是你生活的润滑剂

大学生是时代的幸运儿，青年中的佼佼者，原本应该意气风发，踌躇满志，但是很多大学生却存在着不同程度的悲观心理。大学生的悲观心理有以下的具体表现：

能力方面。很多大学生昔日都是学校的优等生，但是丰富多彩的大学生活要求大学生除了学习之外有更多的能力，面对别人的能歌善舞，一手好字，他们的优越感慢慢消失。开始感觉自己无能，当怀疑自己的心理不断强化时，他们就产生了得过且过的悲观心理。

未来发展。很多大学生悲观地认为自己的未来是无法控制的。很多人对自己所学的专业前途堪忧，恐怕将来难以找到好工作，故而终日情绪低落，无心学习。

人际交往。很多大学生对人际交往理想化，不能接受现实中功利的一面，产生了幻灭感，尤其是在自己信赖的人身上看到瑕疵时，就滋生出人生不过如此的悲观情绪。

身体形象方面。很多大学女生不满自己的容貌，她们希望自己可以更漂亮些。而很多男生往往不满自己的身高，一些人认为自己矮，就避免和高的站在一起。而过分关注自己的身体形象使得他们变得自卑颓废。

松下集团的创始人松下幸之助，一生名利兼收又活到94岁的高寿，很多人艳羡他的名、利、寿三者兼得。但是，很少有人知道，松下的一生其实充满了不幸与坎坷：松下11岁时因为家贫辍学；13岁时失去了父亲；17岁时因为一次意外差点被淹死；20岁时他因肺痨几乎亡故，而同年他的母亲去世；34岁时，他唯一的儿子出生，但是仅仅六个月就夭折；并且松下一生受到病魔的缠绕，在他40岁之前，他一直卧病在床。

然而，松下却一直很乐观，他对于苦难有很积极的看法，他认为坏运能变成好运，危机就是转机，任何逆境都能转化成顺境。正是由于他的乐观，他才收获了常人难以同时拥有的名、利、寿。

每当松下遭受挫折，他都会回想起曾经看到的乡下人洗甘薯的一幕：一只木质的特大号水桶里，装满了要洗的甘薯，乡下人站在木桶边，用一根木棍不停地搅拌着木桶里大小不一的甘薯，随着木棍的搅拌，忽沉忽现，起起落落，没有一个甘薯会永远在上面，也没有一个甘薯会永远在下面。松下说："这不正如人生吗？每个人的一生都是浮浮沉沉，互有轮转的景象，就像水中的甘薯一浮一沉，但是这也是对人最好的磨练。"正是本着这种积极乐观的人生态度，松下才在人生的挫折中百折不挠，越挫越勇，最终成就了他的不凡功业。

松下幸之助一生经历坎坷，但是本着一种乐观的生活态度，他克服挫折最终成就了不凡功业。

因为某些方面的能力不如别人而悲观，这是不自信的表现。尺有所短，寸有所长，我们没有必要因为自己某些方面不如别人就自卑。我们更需要的是不断努力，积极提高自己，让自己更优秀。

还有一些大学生悲观地认为自己的未来是无法控制的，这是一种消极被动的看法。因为只要你积极努力地为未来奋斗，未来就会朝着你想要的方向发展。

另有一些大学生因为不能接受人际交往的一点瑕疵就对整个人生充满悲观，这是以偏概全的偏激做法。对自己的形象不满而悲观，这是夸大了形象作用的表现。一个人的形象并不是全部，那只是一部分，过于看重形象，会丢失内在气质和能力的修炼，并且评价一个人更侧重的是知识、修养，而不是形象，所以对形象担心是没有必要的。

【企业家忠告】

1. 永远心怀希望

要永远心系希望，将一切悲观的念头改变成积极的思想，你一定能成为不断追求的那种人，得到你想要的生活。

2. 客观看待问题

很多时候，你感到悲观，是因为你不能客观地看待问题，往往夸大了人生不好的一面。客观地看待问题，你会发现人生还有美好的一面。

不甘平庸，积极向上

大学生作为新时代的主人，原本应该有一种积极进取的心态，一番做大事业的豪情。但是，在目前的大学校园里却流行着这样的一句话"我平庸，所以，我快乐"。

深入到大学校园里，你会发现，现在很多大学生没有一种积极向上的心态和勇于进取的精神。很多大大学生认为自己没有一个好的家庭背景，没有所谓的关系，很难做出什么大事业，所以就甘于平庸。这些大学生，在大学里基本上对任何竞赛类的活动都不感兴趣，他们理想的生活就是拿着不好不坏的成绩，毕业后找个比较稳定的工作，然后买房子结婚，按部就班地生活，如此别无他求，似乎这样人生才是圆满的。

本田宗一郎，日本本田汽车的创始人，"经营四圣"之一。本田企业是世界上最大的摩托车生产厂家，汽车的产量也位居世界十大汽车生产厂家之列。本田宗一郎还是日本战后经济奇迹的创造者，被称为"日本的福特"。本田宗一郎能够获得如此巨大的成功，是因为他不甘平庸，积极向上的精神。

本田出生在一个贫困的家庭里，年幼的时候就对机器很感兴趣。他喜欢看人们把水稻放进机器，雪白的大米从机器的另一端流出。他还喜欢看机器锯木头，而且百看不厌。头一次看到汽车，本田像着了魔一般，一路跟在汽车后面，尽情的呼吸着汽车喷出的废气。

本田的父母整日为家里的贫困生活操心，根本无暇管教照顾本田，而本田每天都着迷于机器，所以他的成绩很差。但是他的自尊心很强。有一年，本田在邻居家玩，他很想看一下人家用作摆设的武士玩偶。不料，人家却嘲笑他："像你这样的穷小子，还不配玩它"，说完，就把本田强行撵走了。本田感到受到莫大的侮辱，他狠狠地说："你等着瞧吧！总有一天我也会成为富翁的！"

这时本田的父亲由于劳累过度，损伤了肩膀，于是改行修自行车，本田就去给父亲帮忙。尽管屡次遭到责骂，但是本田一直用心地跟着父亲学习，收获颇多。学到了许多真本事，技术越来越好。而令本田坚持的原动力就是："总有一天我会成为富翁的。"

为了自己的目标，本田小学一毕业就离开了家乡，到东京谋发展。本田应聘到一家叫做技术商会的汽车修理厂。在那里本田利用一切机会学习修车，技术越来越高。后来，本田甚至组装了一辆赛车去参加赛车比赛，结果赢得了第一名，这时，本田的修车技术已经远近闻名，只要零部件齐全，他什么车都能修好。

在东京学习六年后，他回到家乡自己开了一家修车场。由于他的技术高，待人又诚恳，所以生意兴隆。30岁不到，本田已经很富有了，他实现了自己少年时期的梦想。

本田宗一郎能够从一个穷小子成为一个很富有的人，再到索尼企业的创始人，日本著名的"经营四圣"之一，是因为他不甘平庸的心态和积极进取的精神。

平庸不是平凡。平凡与平庸是生活的两种状态，平凡也许会很快乐，但是甘于平庸的人只能被这个竞争激烈的社会所淘汰。

现代社会的节奏越来越快，一不留神，就会落后。我们只有永不停歇前进的脚步，不断地学习，不断要求进步，积极进取，才能在社会的快速发展中站稳脚跟。

但是我们不能仅仅追求不落人后，我们要努力进取，争取走在领先的地位，争取最大的成功。

所谓"不经历风雨，怎么见彩虹，"通向成功彼岸的是一条布满荆棘与坎坷的路，只有在这条道路上不停地进取，才能收获美好的生活。

作为大学生，有知识，有头脑，只要肯付出，就会有收获。而甘于平庸，没有目标，没有动力，就会随波逐流，最终必将一事无成。

【企业家忠告】

1. 为自己制定一个发展目标

在大学时，为自己制定一个发展目标，可以是一年的，也可以是整个大学期间的。这样，有了目标，你的努力也就有了方向，而当你实现你所有的目标时，你离成功的距离就越来越近了。

2. 每天让自己进步一点点

一口吃个胖子是不现实的，但是让自己每天进步一点点却是可以做到的。这看似不多的一点点，却能让你每天保持忙碌的状态，也让你收获信心和希望。

第 8 章
合作——取人之长，补己之短

俗话说"三个臭皮匠，顶个诸葛亮"，"一个篱笆三个桩，一个好汉，三个帮"，说的就是合作精神。达尔文进化论中提到"优胜劣汰，适者生存"，当今社会，随着知识经济的到来，各种知识、技术不断地推陈出新，社会竞争也日剧激烈。在很多情况下，单靠个体力量已经无法应对错综复杂的环境，你需要及时采取合理有效的行动。于是，合作成了成功的关键，只有懂得合作的人，才不容易被社会所淘汰。

大学时期是大学生自我意识形成的关键时期，大学生通过和他人的合作，不仅可以快速有效地解决遇到的难题，还可以取长补短，并且对自我意识的形成有重要的作用。总之，合作意识的培养对于大学生将来的人生发展极为有利。

合作精神是你未来的强大武器

　　团队合作是当代大学生素质培养的重要内容，它包括团队凝聚力、合作意识和高昂的士气。最近一项有关大学生就业素质的调查证明，大学生最为缺乏的就是合作精神。很多大学生认为在市场经济条件下，强调合作精神会吃亏，还有一些大学生认为合作精神是一种不承认个人利益，抹杀个性的精神。

　　作为集体成员的大学生，相当多的人表现出团结不够，纪律观念不强，个人主义倾向严重，造成不少班级和宿舍的凝聚力不强。很多大学生与同学、老师的交往，重利轻义，不注重感情的培养，关系淡漠，更不要说互帮互助；对学校组织的各种活动参与意识不强，使学校举行的文艺演出、体育比赛、演讲比赛、科技大赛等活动组织的难度加大；在个人成长和发展历程中我行我素，喜欢个人奋斗，不太会主动与他人合作。

　　这些人在步入职场后，也多表现得不合群、不团结、缺乏团队凝聚力和向心力，对企业缺乏忠诚度，逐渐成为企业的"独行侠"，因而他

们工作往往不能长久，被辞退或跳槽也就成了家常便饭。

任正非，现任华为技术有限公司总裁。2011年任正非在《福布斯》全球排行榜中位列1056名，中国92名。在《财富》中文版第七次的发布中，位居"中国最有影响力的商业领袖之首"。

任正非说："合作是企业家精神的精华"。他信奉美国著名经济学家艾伯特 · 赫希曼所言："企业家在重大决策中实施集体行为而非个人行为。尽管伟大的企业家表面上常常是一个人的表演，但真正的企业家其实是擅长合作的，而且这种合作精神需要扩展到企业的每个员工"。

作为华为的首席执行官，虽然有关华为发展的众多决策都是任正非做的，但是在每项决策将要实施之前，任正非都要通过开会讨论，来争集大家的意见，并尽量让每一项决议都获得大家的认可和支持。如，1998年订立《华为基本法》时，任正非就通过会议讨论的形式使大家明白为了让公司内部的机制永远处于激活状态，华为才"永不进入信息服务业"。任正非通过这种方式让这一理念成为公司上下的共识。

在与新员工的座谈会上，任正非说道："我个人对华为没有做出多大贡献，真正贡献大的是中高层骨干与全体员工。他们努力建立了各种制度、规范，研制、生产、销售了不少产品……不是我一个人推动公司前进，而是全体员工共同合作推动公司前进。我不懂技术，也不懂IT，甚至也看不懂财务报表，但是，我愿意和大家合作，倾听大家的意见。我只是公司形式上的管理者，在大家共同研究好的文件上签字。"

从2000年之后，关于企业管理方面，任正非已经很少发表个人言论。因为他意识到，只有华为摆脱了对于个人的依赖，转而依赖于整个团队，才能成为一个真正的世界级企业，一个一流的伟大公司。2005年的一次会议，任正非阐述了华为的理念：按流程来确定责任、权利，以及角色设计，逐步淡化功能组织的权威，组织的运作更多的不是依赖于企业家个人的决策。

基于华为的这种价值观，任正非已经很少提到"个人英雄主义"的概念，侧重更多的是"团队合作"，并且将是否具有团队合作精神作为选拔人员的重要依据。

任正非认为合作精神是企业家精神的精华，而华为的发展也是依赖的华为上至决策者，下至普、通员工，每一个人之间的亲密协作。

无论是一家企业的发展，还是个人的奋斗历程，都需要学会合作。一个人的力量再强大，拿到集体面前也是弱小的，俗话说"一个好汉三个帮，一个篱笆三个桩。"合作可以让我们扬长避短，提高做事效率。而"势"即是势能，在某种意义上说是一种资源，而善于借势则是善于利用资源的表现。

善于合作才能取得事业的成功。一个缺乏合作精神的人，事业上难有建树，也难以在激烈的竞争中立于不败之地。

有些大学生认为团队精神抹杀个性，所以不太主动与他人合作，这是被错误价值观误导的一种做法。

现代社会注重的是"合作"与"共赢"，人们普遍重视团队合作，团队精神反映的是一个人与团体中其他人合作的精神和能力。在一个团队中，与人合作的能力是最重要的，合作不仅仅是一种能力，更是获得成功的一项必需条件，唯有善于合作，你才能获得更大的力量，争取更大的成功。

【企业家忠告】

1. 学会欣赏别人

与人合作的关键是要欣赏别人，只有你学会欣赏他人，他人才会对你有好感，才会产生和你共同发展的愿望。而且你在工作中只有善于用欣赏的眼光发现他人之长，并取为己用，你才会更好地完善自己，发展自己。

2. 互相理解

在合作的过程中，难免会有各种摩擦，你和对方能互相宽容理解，才会营造出一个和谐宽松的环境，让合作继续进行下去，这样，你们的事业才会有成功的可能。

3. 与竞争对手合作

合作不仅包括团队内部的合作，还包括与竞争对手的合作。虽然你们是竞争对手，但是关系到同一利益时，也要暂时放下分歧进行合作，并且在合作中要注重开诚布公，这样，合作才有成效。

善于借助他人的"力量"

一个人想要成功，不仅需要自己的努力，往往还需要凭借外界的力量。但是，现在有很多大学生不懂得借力的道理。他们在平时生活或者学习中遇到困难时，往往习惯于单凭一己之力想办法解决问题，解决不了的时候，就选择放弃，他们很少想到，也不愿意向老师或者同学及朋友寻求帮助，利用他们的力量帮自己克服困难。

还有一些大学生认为借用别人的力量就是在利用别人，是投机取巧，是丑恶的做法，更是对友谊的亵渎。所以，这些大学生遇到困难不屑于借用他人力量，也不愿意被别人"借力"。

丹尼尔·洛维格，世界船王，他的财富比起同样声名显赫的希腊船王奥纳西斯有过之而无不及。他拥有世界上最大吨位的油轮6艘，他的船队所有船的吨位加起来有500万吨。并且，除了航运业，他的经营还涉及旅馆饭店业，房地产投资业，以及自然资源开发业等。丹尼尔·洛维格能从一个穷困潦倒的普通船工成为世界船王是因为他擅长"借力"。

洛维格在年轻的时候一直渴望发财，但是，那时他只有一点微不足道的积蓄，尚不够做生意的本钱。他在企业界里磕磕碰碰，总不得要领，几欲破产。就在进入而立之年的时候，他的灵感迸发了。他想起借父亲50美元买了一艘旧船修理后又转手卖出的事情。"没有父亲的50美元，他不可能赚钱。如今自己一贫如洗，想要拥有资本就得用别人的钱来开创自己的事业，这就是洛维格的发现"。

向银行申请贷款是洛维格能够选择的唯一的办法。然而，银行看到他穿得破破烂烂的，又没有什么东西可以抵押，都拒绝了他的请求。最后，聪明的洛维格想到了一个主意，他有一艘尚能航行的老油轮，他将它重新修理改装并精心"打扮"了一番，然后以低廉的价格租给一家大石油公司。然后，他拿着那家石油公司的合同去找大通银行的经理，说他有一艘被大石油公司包租的油轮，每月可收到固定的租金，如果银行肯贷款给他，他可以让石油公司把每月

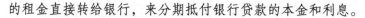

的租金直接转给银行，来分期抵付银行贷款的本金和利息。

大通银行的经理们斟酌之后就同意了，因为他们虽然不相信洛维格的信誉，但是他们相信那家大石油公司的信誉和良好的经济效益。只要那家公司还在运营，贷款一定会一分不差地收回。洛维格就是这样聪明地借用了那家石油公司的信用来作为自己的信用。

洛维格拿到贷款后，买了一艘旧船，然后改装后租给石油公司。之后，他又按照之前的方法利用包租金作为抵押，重新向银行贷款，然后又去买船，再去……如此一来，像滚雪球似的，一艘又一艘油轮被他买下，然后租出去。等到贷款一旦还清，整个油轮船队就属于他了。那么之后油轮的租金就不再转入银行，而转入自己的私人账户。他成了一个超级富豪，并且拥有世界上最大的船队，但是，整个过程自己却没有投资一分钱。

丹尼尔·洛维格能够白手起家，不投资一分钱成为世界船王，拥有巨额财富的重要原因就是他善于"借力"。洛维格巧妙地利用"借力"智慧走向了成功。

成功的方式有千千万万种，成功人士的经历也各不相同，但是，这些不同的方式和经历却又有一个共同点——借力。现在有些大学生不会借力或者不懂得借力，这对他们的成功是非常不利的。因为，一个人不管他自己的能耐有多大，他的智慧和才能都是有限的。惟有借助他人的能力和智慧，取长补短，为我所用，才能达到双赢的境界。

还有一些大学生认为"借力"是利用他人的表现，是丑恶的做法。这是对借力的错误理解。在复杂的社会关系之中，互相利用并非全是带有丑恶色彩的做法，还可以是各取所需。一个人无论是在工作、事业或者别的方面都离不开他人的帮助，并且，因为人与人各有所长，人际关系不同，通过彼此借力，还可以达到双赢的效果。而且，人如果在自己的力量还没有足够强大的时候，善于借助他人的力量也是走向成功的一种途径。

【企业家忠告】

1. 多结交比自己优秀的人

纵使你能力超群，也难以凭一己之力做好所有的事情。因此你应扩大自己的交际圈，多结交一些为人处世比自己强、人脉广阔的人，善于借用他们的智慧和人脉，为自己办事。

2. 结交观点与你相同的人

孤掌难鸣，独木不成舟，当你想要有所作为的时候，就要有意识地把与己有共同想法的人留在身边作为同伴，这样，你才会有后盾，你的力量也会变大。

3. 借用名人之力

借他人之力，你可以借用名人、亲戚、朋友的财富和地位。这是你成功的桥梁和阶梯。尤其是那些德高望重的名人，借用他们的力量往往是走向成功的重要因素。

创业要懂得合作

如今，创业意识在大学校园已不陌生，在大学时期就投入商海的大学生也不少见。尤其是当前就业形式越来越严峻，不少大学生选择了

"自救"以解决生计，但是有一组统计数据也显示：大学生在校期间创业、毕业后自主创业的失败率达到六成以上。分析其失败的原因除了缺乏风险意识，好高骛远，纸上谈兵，还有一个重要的原因就是许多大学生属于个人单打独斗去创业。

有很多大学生由于个性独立，自信心很强，选择了个人创业，然而这些大学生在创业中不善于与他人合作，常常刚愎自用，自以为是，听不进周围朋友和师长的劝阻，导致独木难支，创业失败。

比尔·盖茨是微软帝国的创造者，但是微软仅仅有创造者还是不够的，他还需要一个管理者，来管理和维护微软的运行，这个人就是史蒂夫·鲍尔默，现任微软首席执行官兼总裁。两人的共同联手才成就了今日的微软帝国。

1974年，比尔·盖茨在哈佛念二年级时认识了同楼的鲍尔默。两人一见如故，其共有的对数学、科学、拿破仑的激情使他们成了神交。两人个性不同，但是投缘到像齿轮一样，丝丝入扣，在各方面有着惊人的默契，这样的默契为他们以后的肝胆相照和精诚合作奠定了基础，也让两人在业界的决斗场上可以天衣无缝地联手出击。1980年，鲍尔默从斯坦福辍学来到深陷危难的比尔·盖茨面前，他与盖茨的会师成就了微软，也为他的未来世界第一教练的位置盖上了大印。此时微软已经成立5年了，但是由于缺乏一个管理天才来带领全公司的技术天才，微软陷入了危机。这时，比尔·盖茨想到了鲍尔默，鲍尔默意识到这是一场机会稍纵即逝的资讯革命时代，他和比尔·盖茨有着相同的信条：科学是领先者的天下，而不是追随者。于是，他加入了微软，这个信条也成为微软以后的人生信条。

鲍尔默是天生的领导英雄，他身上有惊人的亲和力、煽动力和凝聚力，鲍尔默会不遗余力地去销售一款产品，并且毫不担心自己看起来像个傻子。在出席公共活动时，当他卖力宣传某件产品时，他会像猴子似的上蹿下跳和尖声叫嚷，直至汗流浃背、口干舌燥。

但是，他个性沉稳，具有一流的领导能力，在任何场合都不卑不亢，天生具备和恪守领导者的准则。在他加入微软之后的31年多里，主管微软七大事业部门，以自己特有的活力和信念鼓舞着微软，使微软在企业界的形象更加亲切化，改变了微软作为供应商和合作者铁腕、冷血、高傲的形象，与老对手 SUN 公司和解，结束了以往无休止的官司。

2008年鲍尔默接替比尔·盖茨成为微软总裁。

微软能够成为全球领先的商务软件开发商，离不开比尔·盖茨，也离不开他和昔日同窗鲍尔默天衣无缝的默契合作。

在强调团队合作的今天，创业者想要通过单打独斗获得成功的几率微乎其微，团队精神已成为创业的必备素质。有许多大学生个性独立、自信心较强，喜欢单打独斗，这些都会影响创业的成功率。

较之于个人创业的单打独斗，大学生更适合和同学及铁哥们抱团创业。这样志同道合的年轻人走在一起，不仅解决了个人的就业难题，并且，强强合作，取长补短，创建一个有凝聚力的团队，要比单枪匹马更容易接近成功。而且风险投资商在投资时也更看重有合作能力的创业团队，一个优秀的创业团队更容易吸收到他人的投资，对于解决创业初期的资金问题有很大的帮助。所以，对打算创业的大学生来说，想要创业成功可以先选择和同学合作。

【企业家忠告】

1. 选择和专业相关的高科技领域

身处高新科技前沿阵地的大学生，在高科技领域创业往往有着近水楼台先得月的优势，选择和本专业相关

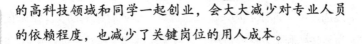

的高科技领域和同学一起创业，会大大减少对专业人员的依赖程度，也减少了关键岗位的用人成本。

2."三个和尚没水喝"是大忌

抱团的同学太熟悉，容易犯"三个和尚没水喝"的大忌，不仅仅会影响创业，还会伤了友情，所以，创业合作要谨记"亲兄弟，明算账"，一切按照公司化运营，分工明确，权责清晰。

3.创建自己的圈子

创业初期，往往很艰苦，各方面条件都不好，你甚至没有办公室，也很难招到人，而大学就给了你一个平台，大学时，你会认识很多可以将来一起做事的人，如果你在大学没有自己的圈子，在你创业的时候就很难找到合适的合作伙伴。

合作建立在相互信任的基础上

无论做什么事情，合作双方只有互相信任才能建立起长久有效的合作关系。

然而有很多大学生在与他人合作时不能信任对方。如：许多大学生刚开始创业有六成失败，其中因为创业团队内部缺乏信任或者因为利益分配不均起冲突而导致团队流失解散的占到三成。

　　创业团队流失解散的一个重要原因是有些大学生在选择创业对象时没有严格挑选，或是选择了熟人，或是选择了他人介绍的朋友。结果在创业期间因为某些私利引发信任危机，导致无法继续合作，使创业受到影响。

　　周云帆，现任空中网董事长兼首席执行官。1999 年，周云帆与杨宁及陈一舟成功地创立了中国大型的互联网门户网站——ChinaRen.com。2002 年创立了空中网，空中网与中国移动、中国联通、中国电信、中国网通结成合作伙伴关系，通过他们，为中国超过 3 亿的手机用户提供丰富多彩的电信增值服务。

　　空中网起步较晚，却不容小觑，迅速发展，有人询问周云帆三人创业成功的秘诀，周云帆回答说有一个重要的原因是创业团队的密切合作和互相信任。管理层的密切合作是空中网独特的风景。董事长兼 CEO 周云帆与总裁杨宁是兄弟般的黄金搭档，两人早年在斯坦福留学时候相识，虽然成长环境不同，但共同的人生观、价值观和彼此的欣赏、信任使他们很快成为和谐互补的朋友。1999 年时，杨宁想要创业，周云帆想要回国，陈一舟想要做互联网。所以，三个人一起回国做 ChinaRen，到搜狐并肩作战，度过了创业初期最为艰苦的日子。再到合力创办空中网，他们互相信任，合作默契，这种合伙人创业关系在中国的民营企业里面也比较少有。然而三个人认为这些经历也是缘分，很多感情和信任是建立在这种基础上的，三个人在合作中都不太看重自己的利益，对对方高度信任，这在许多创业团队中都比较少见。

　　就关于如何寻找合作伙伴，周云帆有这样的看法："很多人合作创业，为什么很多都失败？这就如给一个大厦打地基，开头没有打好，留下了后患，换作公司就没法运作。公司里如果互不信任，各自为政，到最后往往是分崩离析。如果是这样不如不找合作者，一个人单干。如果已经成为合伙人，就应该彼此互相信任。作为公司的 CEO 是最重要的，他必须要有心胸去容下别人。"

周一帆、杨宁、陈一舟能够创业成功的一个重要的原因就是作为合作者他们彼此间能够互相信任。

信任是基于对某人或者团体的品行、能力、强项和责任感的放心，缺乏信任，团队合作便不可能完成。

大学生创业者如果不能和自己的合作者彼此信任，对他们的创业发展很不利。创业团队必须是一个坚固的团队，每个人都必须互相信任，互相扶持。

在创业的道路上，艰难困苦是少不了的，如果彼此之间不能互相信任支持，就很难自己继续走下去。所以大学生创业要考察好合作者，不能因为是熟人或好朋友就轻易合作。可以做朋友，未必可以一起创业，必须选择互相信任、志同道合，能为共同目标放弃自己私利的合作者，这样才能一起努力、克服困难。同时只有团队间互相信任才能够增强团队凝聚力，提高办事效率，达到和谐共赢的目的。

【企业家忠告】

1. 制定协议

理想的合作者是可以互相信任的。然而，信任是理智的，有限度的，有约束的。这样，才能够实现长久的信任。所以，合作者最好共同制定一些协议来彼此约束，如此一来，彼此的信任之间就有了一块奠基石。

2. 相信自己

信任他人也是相信自己，心中无惧的表现。对自己

不自信，心中缺乏安全感，也就难以信任他人。所以，只有你对自己有充足的把握，相信自己的选择，你才会信任他人。

3. 彼此信任来源于沟通

信任来源于沟通，只有沟通，他人才会感受到你的信赖。这样对方才会拆掉心中的"篱笆墙"，合作双方才有可能达到相互信任。

寻找生命中的贵人

在一份对成功者的调查报告中，70％的人表示得到过贵人的帮助，凡是担任中高级以上主管的，有90％的人得到过帮助或提拔，而自己创业当老板的，这一比例竟然达到100％。由此可见贵人在个人发展中的重要性。

有很多大学生自命清高，不屑于找所谓贵人的帮忙，认为找贵人帮忙的都是须溜拍马之辈，自己要依靠个人的真能力获得成功，这样的成功才是真正的成功。

还有一些大学生眼中的贵人仅仅局限于位高权重的人，认为只有这些人才能给自己帮助，他们对自己身边实际上能够帮到自己的普通人不屑一顾，一心去巴结那些位高权重的人，反倒为这些"贵人"所反感。

钟彬娴，雅芳全球首席行政长官，雅芳全球董事会主席，2002

年入选美国《时代》杂志和CNN最有影响力的25位全球行政人员，曾连续六年被《财富》杂志评为"全美50位最有影响力的商界女性"之一，2003年名列第三。

20岁时，钟彬娴从普林斯顿大学毕业，去了鲁明岱百货公司做她喜欢的营销工作，钟彬娴一无背景，二无后台，能够在40岁出头就成为美国商业界顶尖大腕，关键就是得到了"贵人"的帮助。在鲁明岱百货公司，钟彬娴结识了自己职业生涯的第一位贵人——鲁明岱百货公司历史上的第一位女性副总裁法斯，法斯自信、大胆、敢说敢做，而且不仅事业成功，还有美满的家庭生活。这样一个成功女性自然备受瞩目，钟彬娴对自己说："我也要成为这样的女人！"于是，在工作间隙，她经常以一种学生的姿态像法斯请教工作方法和经验，这不仅是一种学习，还是接触。钟彬娴以自己的关怀和热情赢得了法斯的好感。不久之后，法斯就力排众议提拔钟彬娴，钟彬娴27岁的时候就已经进入了布鲁明岱公司的最高管理层。后来，她追随着法斯一起跳槽来到了玛格林公司，不久就升到了副总裁的位置。

在玛格林公司，钟彬娴觉得自己的发展空间有限，为了寻找更好的发展机会，她进入了雅芳集团。在这里，她又遇到了她的第二位"贵人"——雅芳公司的CEO普雷斯，钟彬娴以其个性独立的思维方式赢得了普雷斯的赞赏。钟彬娴成功地把握住了她生命中的第二位"贵人"，普雷斯欣赏她的才华并盛邀她担任雅芳的销售总监。并且力排众议，破格让她在雅芳的董事会上出现，这是在公司工作了几十年的经理才有的权利。而钟彬娴并不是一个绣花枕头，她以自己的实力证明上司的选择是对的。由于普雷斯的欣赏和举荐，加上她个人的努力，钟彬娴最终坐上了雅芳公司CEO的位置。

钟彬娴能够获得成功，除了自己的实力外，还有一个重要的原因就

是得到了贵人的相助。在历史和现实生活中，众多成功人士的背后往往都有"贵人"的提携和帮助。因此，人生中能否得到贵人的鼎力相助，是你人生命运能否改变的重要因素之一。

一个人想要成功，除了具备良好的做人品德，还需要有成就大业的基础和能力，它包括知识、人脉、经验、眼界、驾驭事业的能力，还有重要的一点就是有"贵人"相助。良好的品德是成就大事的根本，成就大事的机遇却是贵人。你的贵人可能是身居高位的人，但是也可能是权利没有你大，地位没有你高，财富没有你多的人。

总之，只要对你有帮助的都是你的贵人。这个人也许是你的上司、师长，也许是你的朋友、同事，甚至可能是公司负责清理垃圾的阿姨。但他们或许就是帮助你扭转乾坤、改变命运的人。所以，你如果想要在人生有所建树，就要赢得"贵人"的支持，让自己离成功更近。

【企业家忠告】

1. 教导及提拔你的人是你的贵人

如果一个人能够看到你的好，同时也能了解你的不足之处，能够协助你，提拔你，那么，他一定是你生命中的贵人。

2. 愿意无条件帮助你的人是你的贵人

一个人如果愿意无条件地帮助你，他一定是你的贵人。他无条件地帮助你，只因为他接受你，一个愿意接受你的人，毫无疑问是你的贵人。

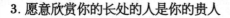

3. 愿意欣赏你的长处的人是你的贵人

　　一个愿意发现你的长处、欣赏你的长处、接纳你的长处的人，肯定是你的贵人。有些人虽然发现你的长处，但是他未必喜欢及欣赏它，甚至可能将其视为对自己的威胁，更别说接受它！所以，若有人愿意欣赏你的长处，肯定是你的贵人。

合作要懂得求同存异

　　求同存异是人与人交往的重要原则，也是团队合作的一个必须条件。

　　然而有很多大学生在与他人合作时不懂得求同存异。如：与他人合作共同创业是很多大学生创业者经常采取的方式。但是有的大学生创业团队常常因为团队内部的分歧和矛盾影响创业项目的运作，甚至导致创业计划夭折。在大学生团队创业过程中各自投入资金多少、是否明确分工、能否健全合作机制、是否有团结一致的创业精神等，这些往往都会使合作伙伴之间关系产生裂痕，而这些矛盾一旦不能及时协调处理，又会导致矛盾激化，甚至一发不可收拾。结果使创业伙伴分道扬镳致使创业项目搁浅。

　　还有一些大学生创业团队因为创业成员之间的性格不合，个性不同，导致出现一些摩擦，最终小问题变成大问题，使得创业活动难以正常开展，创业团队解散。

毕业之后，他们也常常因为难以接受他人，很难与他人良好地合作，因而常常与他人发生矛盾，于是，久而久之，他们就成了那些给别人穿小鞋、暗中搞破坏的人。

创业需要合伙，但合伙无法长久似乎已经成为共识，有很多创业搭档因为理念、因为利益，甚至因为性格分道扬镳，但是，空中信使通信技术有限公司（空中网）CEO兼董事长周云帆和好兄弟兼搭档——空中信使通信技术有限公司总裁杨宁在大起大落的十几年彼此间却一直保持着默契。这点令业界许多看惯了分分合合的人感到惊奇。

杨宁一语道出了两人能够长期默契合作的真正原因：求同存异。两人有着共同的创业梦想和创业信念，两人都认为真正成为非常铁的朋友必须经历过逆境，在顺境里交的朋友未必是最真心的朋友，经历了最困难的时候，经历过来了那才是真朋友。关于两人的不同点，"周云帆是唯物主义，我是唯心主义"杨宁这样说。在公司员工的眼里，两人性格互补，一个理性一个感性。杨宁从小生长在海外，10岁时已移民美国。所以，对于新事物，新的商业模式有很好的把握，对于事情也有长远的想法。而周云帆对于数字十分敏感，有很强很快的执行力，行事果断。所以，做事情时两人就合理安排他们的不同。比如：杨宁说哪些东西未来几年会被投资者看好。周云帆则会配合目标马上制定出做事方案；第一步应该怎么做，第二步该怎么做，该组建什么样的团队，每个团队中的每个人处于什么样的位置，他可以考虑得面面俱到。所以，当别的创业团队因为彼此不和而起冲突的时候，他们两人却将不同变成了能够互相配合的优点。两人一个董事长，一个总裁，几乎不会同时出现，董事长到的场合总裁就不到，总裁到的场合董事长也就不到，不是因为两者不和，而是因为他们很清楚自己和对方的优势，不愿意浪费资源。

杨宁把武侯祠对联"能攻心则反侧自消，从古知兵非好战"奉为宝典。杨宁说："你要说服别人，就不能打压别人，打仗是最下策，要不战而屈人之兵，攻心的方式是最好的。"两人平时沟通也坚持这样的理念，所以，很少有过争吵。

杨宁和周云帆能够长期默契合作的原因，除了两人能够互相信任，还有一个原因就是两人坚持求同存异的原则，不仅能够做到存异，而且能够利用两人的不同，充分发挥彼此的优势。

合作就难免会有冲突，只有互相体谅，不断地磨合，求同存异，合作才有可能继续进行下去。

团队能否有效地协调合作，往往是决定创业能否顺利发展的关键，而有效合作的基础就是求大同，存小异。合作要求有相同或者相似的理念和观点，这是大同，但是相异只要没有在实质上影响到合作的结果，都应该被允许存在，这就是存异。这样整个团队才能在团结中有效地协作。

【企业家忠告】

1. 培养你的协作能力

协作是合作能够继续的重要条件。协作性是一种设身处地为他人着想的能力，它与独立思考，自主行动并不矛盾。只有你善于理解他人，体谅对方，才能和合作者更好地合作共事。

2. 要具有广阔的胸襟

每个人都有个体差异，因此你要有广阔的胸襟，允许别人与自己不同，尊重别人发表不同意见的权利，并且理智慎重地斟酌对方的意见。这样，才能避免不必要的冲突，使合作顺利进行。

3. 培养你的沟通能力

要不断地和你的合作对象进行沟通。团队开始工作时要沟通，遇到问题要沟通，解决问题时要沟通，有矛盾时更要沟通，并且在沟通的时候要多考虑团队的远景目标和未来的远大理想。这样，不仅仅有利于及时解决内部分歧，还能使整个团队真正做到目标一致，齐心协力。只有这样的创业团队才会得到最终的胜利。

第*9*章
管理——管理是未来事业的基石

管理是人类社会不可缺少的活动，随着社会的不断进步与发展，社会分工和生产日趋复杂与精细，管理也就显得更加重要，无论是人们的日常生活，还是企业的运行，都离不开管理．

"我要成为什么样的人，将来从事什么样的工作"，是每一个大学生思考关注的问题，而至于如何完成这次蜕变，需要大学生从自我管理入手，在大学生阶段就注重培养自己的管理能力，只有这样，才能打理好自己的大学，管理好自己的人生，同时适应社会的发展。

做好自我管理

大学是人生发展的重要阶段，是大学生步入社会前的一个重要阶段，作为当代的大学生要在大学取得优异的成绩，各方面得到良好的发展，就要对自己进行有效的管理。

然而，有许多大学生却不能管理好自己。大学生作为一个特殊的文化群体，往往把激进与先进，批判与反叛的思想交织在一起，让生命力与破坏力集于一身，这些矛盾因素的并存往往使他们心理上处于一种不稳定状态；并且社会的快速发展使得大学生在未来的道路上有了更多的机遇和选择，他们做选择的过程中与社会的互动变得更加频繁，思想观念和行为也因为受到社会的影响而变得尖锐而不稳定。还有一些大学生的人生追求和理想信念往往缺乏扎实的支撑动力，心理脆弱，遇到挫折和打击容易放弃和退缩。

长江实业集团有限公司成立于 1955 年，由 1950 年几个人的小公司发展到今天在全球 52 个国家拥有超过 20 万员工的企业，全赖于其董事长李嘉诚对自己的自我管理。李嘉诚曾说自己没有上学的机会，在管理上不敢与那些管理大师相比。但是，自己一辈子都在苦苦学习新知识、新学问，所以，关于管理的艺术，他有自己的心得和体会。

李嘉诚认为要成为一个好的管理者，首要任务是自我管理。在万千变化的世界中，通过发现自己，了解自己，确定自己的位置，建立起个人尊严。他常常问自己："你是想当老板还是要当团队的领袖？"做老板要简单得多，靠的是地位带来的权力和自我努力及专业知识带来的机遇。做领袖则要复杂得多，要培养自己人性的魅力和号召力。两者的付出有很大的不同。

李嘉诚认为自我管理是一种静态的管理。即在人生的不同阶段，经常地反思自问，如：我有没有宏伟的梦想？我有没有和命运拼搏的决心？我自信能力过人，但有没有面对顺境、逆境都可以恰如其分行事的心力？等等。

在李嘉诚 14 岁的时候，还是一个穷小子，他知道没有知识就改变不了命运，没有本钱更不能好高骛远。这时，他对自己管理的方式很简单：赚够一家人存活的费用。虽然当时他只是一个小工，但是他谨守自己的角色，坚持把每样交托给他的事做得妥当、出色；一方面绝不浪费时间，把剩下来的每一分钱都用来购买实用的旧书籍。22 岁成立公司的时候，他知道成功没有既定的方程式，光靠忍耐、任劳任怨已经不够。他对自己的自我管理也由静态转为动态，让理智和知识结合，来避免聪明的组织干愚蠢的事情，避免失败的几率。就是依靠这样的自我管理，他才成为一个优秀的管理者，带领长江实业不断地发展壮大。

长江实业集团能由几个人的小公司发展到今天的大企业全赖于其董事长李嘉诚对自己的自我管理。

自我管理能力，是人通过自我认识，调整和修养自己的心理，并使自己的外部行为与社会环境相适应。自我管理说到底就是主动去管理。

有很多大学生不懂得自我管理，这对他们大学时代的成长及其以后

人生道路的发展都极为不利。

　　成功者的秘诀就是能够做到自我管理，然后通过自我管理不断地提高自己各方面的综合实力，为自己赢得成功的先决条件。

　　在大学里，大学生不能仅仅做被管理的对象，还要做管理的主体，这样才能在大学宽松的校园环境中获得更好的发展，在校园中做好今天的工作，为明天的成功做好准备。那么，大学生想要获得成功，应该如何做好自我管理呢？

【企业家忠告】

1. 自我提高

　　找出自己的优点和缺点，在大学制定一个自我提高的计划，然后制定切实可行的方案，并以此为目标，推动自我管理的提升。

2. 自我监督

　　自我监督是实施自我管理的一个重要手段，你可以在平时的生活或学习中通过自我监督让自己严格执行已定方案，克服不良习惯，帮助自己养成一些好习惯，提高自我克制力，保证计划的完成。

3. 自我批评

　　通过辨证地自我批评，你可以更全面地认识自己。同时自我批评可以帮助自己有效地改正错误，不断地提升自己。

管理好自己的时间

与中学生不同，大学生不再为了升学进行无止境的考试，让自己整天围着考试转，而是突然拥有了大量可以自己支配的时间。这就需要大学生合理管理自己的时间，安排好时间，同时懂得珍惜时间，让大学时光不致虚度。

可是有很多大学生不会安排自己的时间，他们把原本用来去图书馆读书的时间，去社团参加活动提升自己能力的时间，在自习室静心学习的时间用在上街买一双自己心仪已久的名牌球鞋，或是和女朋友看一场喜欢的电影，或是躺在宿舍蒙头大睡。然而时间总是有限的，你用到了做这件事情上，做别的事情就没有时间了，所以，他们常常一边挥霍着自己的时间，一边在学期底考试前抱怨自己平时没有时间学习。

李嘉诚就是一个能够合理管理自己时间的人。

李嘉诚非常珍惜自己的时间，他时常告诉自己的员工要合理利用每一分每一秒。他年轻的时候，每天晚上睡觉之前都要仔细回想一下，自己今天都做了什么事情，有没有浪费时间。甚至，中午偶尔的一次小憩，他都感到内疚，感觉自己浪费了时间。后来，李嘉诚养成了中午不睡午觉的习惯，如果实在太困了，他就喝咖啡让自己清醒。

为了节省宝贵的时间，李嘉诚与人讲话从来都是直奔主题。他最讨厌和那种婆婆妈妈、啰里啰嗦的人打交道。他认为那种讲话不紧不慢，没有重点，讲半天不知所云的商人是很难成功的，因为这些人都把时间浪费在讲话上面了。在李嘉诚看来，一名合格的商人就应该具有视时间如生命的精神。从事商业的人，需要有"春宵一刻值千金"的惜时观念。那些在细节上浪费功夫，甚至连员工的小动作都要干涉的人，是无法成为优秀的管理者的。公司的管理者应该从大处着手，本着这种理念，李嘉诚总是把有关公司经营的许多小事情交给自己的助手去做，充分信任他们，也很少干预。而他自己就集中精力对一些重大的决策反复琢磨，直到做出最佳的决定为止。这样的管理方式节省了李嘉诚不少时间，同时创造了很高的工作效率，使得规模庞大的和记黄埔和长江实业公司得以高效地运转。

李嘉诚介绍自己的生意经时曾经指出，一个商人在洽谈业务的时候，不慌不忙地从椅子上站起来，并且整个会谈的过程中不能围绕着正题谈，而是总扯些不相干的话，那么他是绝对不会成功的，因为他太迟缓。现代商业是快节奏的供应往来，商务谈话中的每句话都要针对业务本身，针针见血，直接爽快，才会不至于浪费了宝贵的时间，错过了商机。在正因为如此，李嘉诚平时很少长篇大论，商业应酬也能短则短，能少则少。

李嘉诚能够成功的一个重要原因就是能够合理安排利用自己的时间，同时他惜时如金，决不浪费每一份每一秒。

能否合理利用时间是决定一个人能否成功的因素之一，用有限的时间做最多的事情是每一个成功者必备的素质。

比尔·盖茨说："快速、加速、变速就是这个信息时代的显著特征。谁慢谁就会被吃掉。"人的一生其实就是和时间竞赛，如果你做不了它的主人，那么你就会成为它的奴隶，而在时间上领先一步，就可能节节制胜。

在企业里，每个人都有各自的分工，各项工作都有一定的流程，而且每项工作都会在一定的时间内流到某个岗位上。如果你不懂时间管理，这些工作就会压得你喘不过气来。所以，为了适应将来的紧张工作，大学生应该及早锻炼自己管理时间的能力。

大学生虽然有了更多的自由时间，但是这些时间并不是被用来挥霍的，需要珍惜时间、合理安排时间、计划时间、管理时间，将时间全部

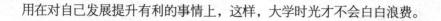

用在对自己发展提升有利的事情上，这样，大学时光才不会白白浪费。

【企业家忠告】

1. 给自己做个时间规划

认真给自己的大学生活做个时间规划，并不时检查自己计划执行的状况，及时地调整不合理的地方，那么，你将会充分利用你宝贵的大学时光。这样坚持下去，你会发现在大学你比别人成长得更快！

2. 确立时间观念

大凡成功的人，都是非常有时间观念的人，能否做时间的主人，决定了你今后在寻找工作的过程中是处于主动还是被动。

3. 珍惜时间

大学的三、四年时光，看似很长，其实回过头来看，发现很短，仿佛就在人生的一瞬间。如果你沉迷于网络游戏，如果你总想着"明天再做也不迟"，那么，你只能等来毕业时的痛苦。

公私要分明

每个人心中都有公、私两种欲望，关键是看你如何处理这两者的关系。然而，有很多大学生在日常生活和工作中不能够做到公私分明。

有些大学生干部在竞选的时候喊的是为同学服务的口号，但是担任干部职位以后却常常以权谋私，每轮到申请各种奖助学金的时候，不能严格按照标准执行，常常首先考虑到和自己关系亲近的同学，而不是那些真正有资格取得奖学金的同学。平时工作中，当辅导员需要了解某位同学时，他们常常用自己的个人好恶来评价周围的同学，不能够作出正确客观的评定。

还有一些初入职场或者做兼职的大学生，在公司中常常做不到公私分明。比如，肆无忌惮地用公司电话和自己的朋友同学聊天；用自己的私事占用上班时间；在工作中，因为与某位同事的个人恩怨，不能正常配合同事的正常工作。

稻盛和夫，日本经营四圣之一，正是一个提倡公私分明的人，因此他得到公司上上下下的尊重。

京都陶瓷社发展到一定的规模以后，为了让两位高级主管外出洽谈公务更为方便，稻盛和夫便给公司配了两辆车来专车接送。有一次，一位高级主管准备下班时发现公司的配车不在，便冲主管配车的总务人员发火。原来，这位总务人员以为这位主管会像以往一样忙到很晚，便把车挪给当天很忙碌，需要用车的业务经理用了。这个原因令主管勃然大怒，因为他认为区区业务经理没有资格用主管的车。

稻盛和夫知道这件事情后，便派人将那位主管叫到了自己的办公室，他对主管说："配车给你们并不是因为你们在公司的职位比较高，比较伟大，而是因为你们身上肩负更重要的工作任务，所以，公司不希望你们因为交通之类的琐事浪费自己的时间和精力。但是，请你自己好好想想，一个到了时间就要下班的主管有资格责骂还在外奔波的经理吗？尽管作为高级主管你有优先使用的权利，但是，这是公司的车，不是自己的车，所以只能为工作服务，这是原则，也是道理。"

公私分明，稻盛和夫不仅仅用来管理下属，也用来管理自己。刚创业的时候，稻盛和夫的公务车是摩托车。不久之后，公司给他配了一辆车还有司机，负责接送他上下班。一天早上，车子来接他上班的时候，稻盛和夫的妻子正好要出门。于是，妻子对他说："正好顺路，不如让我搭你的车吧。"

稻盛和夫一本正经地说："如果这是我的车，我会让你搭，但是，这是公司的车，不能因为顺便，就把公车挪为私用，公私还是要分明的，你还是自己走路去吧！"好在妻子是个通情达理的人，很快就理解了他。

稻盛和夫能够管理好公司的一个重要原因就是公私分明，他不仅管理属下公私分明，对自己的管理也能做到公私分明。

公私分明不仅是作为领导要尊重的准则，也是一项重要的职场准则。在职场中，什么东西是公司的，什么东西是个人的，什么事情可以在上班时间做，什么事情可以在私人时间做，都要做到心中有数，不然就触犯了职场规则。

公私不分、假公济私或处事不公的人往往难以让他人信服，自然也得不到他人的尊重。这样的大学生在步入职场后必定会遭人厌恶，公私分明是一个合格的职业人首要遵守的职场规则。所以，大学生要从读大学的时候做起，无论身在何种环境和岗位，都要做到公司分明。

【企业家忠告】

1. 客观评价人与事

要做到公私分明，就要客观评价你周围的人与事，不要因为对某个人的好恶或牵扯到自身的利益而影响你做客观公正的评价，这样，才算做到了公私分明，才能获得他人的信任和尊重。

2. 不占公家便宜

身处职场很重要的一点就是不占公家一分一毫的便宜，这样，你才不会因小失大。尤其是在公司中，占公司的便宜不仅仅给同事和老板留下为人不严谨的印象，还违反了职场规则，影响自己的发展。

3. 不要把私人情绪带到工作中

我们每天都会遇到各种各样的麻烦，但是，不要让你的坏心情影响到你的工作，甚至你的前途。一个整天想着私事的员工是没有办法用心工作的，自然也无法得到老板的器重。

懂得把什么放在第一位

大学阶段是个人发展的重要阶段，在大学不仅仅学习知识，还要学习正确的做事方式，成功人士都是在大学阶段养成了做事情有计划和条理化的习惯。

　　然而，也有很多大学生做事情不懂得章法，不能分清轻重缓急，常常眉毛胡子一把抓，不讲究工作次序，结果把工作弄得一团糟。

　　还有一些大学生在紧急但不重要的事情和重要但不紧急的事情之间，不知道选择先做哪个。在日常生活中面临种种抉择时，常常在抉择之前反复权衡利弊，再三仔细斟酌，甚至犹豫不决，举棋不定。另有一些大学生总是根据事情的紧迫感，而不是事情的重要程度来安排先后顺序，结果让自己陷入被动。

　　钱金波，红蜻蜓企业及品牌创始人，现任红蜻蜓董事长，有"中国鞋文化第一人"、"文化商人"之称。

　　"做事情想要成功，必须要懂得把什么放在第一位"，关于这一点，钱金波深有感触。1995 年，他创办"红蜻蜓"的时候，温州的制鞋行业竞争已经白热化，生意很不好做。钱金波想：制鞋业再发达，没有文化还是得不到长远发展。产品没有文化品位，那么就没有有文化的鞋业品牌，文化品位是品牌的灵魂支柱，失去了它，就如一个人失去自己的灵魂一般。

　　所以，从 1995 年到 1999 年，连续五年，钱金波并没有把自己的时间和精力浪费在生产上。他根据仿生学的原理建立起一套企业的经营理念：红蜻蜓有一个大脑、两只眼睛、四个翅膀和一条尾巴，大脑代表增长方式的转变，要通过文化和品牌的宣传来推动增长；两只眼睛代表研发和品牌；四只翅膀即人才工程、名牌工程、创新工程和规模工程，是企业的四大工程；一条尾巴就是以品牌为核心带动生产。他认为这些应该放在生产之前。

　　1999 年，他成立了红蜻蜓鞋文化研究中心，开始研究中华鞋履文化，2000 年，建立鞋文化展馆，之后出版了《中国鞋履文化辞典》，又发行了一套鞋文化邮票，编辑出版鞋履文化丛书《东方之履》，创建中国国家级鞋文化博物馆——中国鞋文化博物馆，这些，在国内都是首例。强大的文化底蕴，使得红蜻蜓的品牌影响力快速提升。据中国商业联合会的统计，红蜻蜓男鞋销售已经进入全国前三，女鞋已经进入了前十名。钱金波带领红蜻蜓推出的"品牌开路、文化兴业"战略，使红蜻蜓在温州上万家鞋企中脱颖而出，迅速成长为中国鞋行业的领军品牌。

钱金波在创办鞋业的过程中发现企业文化是发展企业最重要的事情，因此决定在众多选择的事情中把它放在第一位优先做好，从而最终成就了红蜻蜓的辉煌。做事情需要有计划，并能够分清轻重缓急，这样，才能一步一步地把事情做得有节奏、有条理，达到良好的效果。

懂得把什么事情放在第一位，优先做好最重要的事情，是高效率办事的重要依据。

做事是否有计划、有条理是判断一个人做事严谨与否的标尺。一个做事情没有条理的人，不仅效率低下，还会做不好事情。而面临选择时必须当机立断，迅速决策，因为机会稍纵即逝；如果犹豫不决，就会两手空空，一无所获。做事要分清轻重缓急，设定优先顺序，这样才不会错失成功的机会。

【企业家忠告】

1. 做计划

你没有办法做好每一件事情，但是，你可以做好你认为最重要的事情。这就需要你在做事情前列一个计划。这样凡事有计划，用计划来指导行动，你成功的概率会大大提升。

2. 设定优先顺序

在你的计划中，你要分清轻重缓急，设定优先顺序。这样，不仅会提高做事效率，还不会错失大好的机会。

3. 敢于舍弃一些细枝末节的小事

你想要成功就要把时间花在最重要的项目上，而不是被小事耽搁。重要又紧急的事情比任何事情都要优先，有所不为才能有所为，这是成功者的共识。

管理要懂得创新

大学是我们人生发展的新阶段。"新"的重要表现不仅仅是我们面临着一个全新的学习、生活和工作方式。还意味着我们要有一个懂得创新和改变的思维方式。

然而，很多大学生却缺乏这样的思维方式。有些大学生在进入大学校门后还沿用中学阶段的思维方式来应对大学的生活和学习，因而显得十分被动。如，大学没有固定教室，很多同学很不习惯这一点，有的人直到上课铃响后还未找到教室；过去凡事有老师管理，现在自己不会安排，还是期望有人管理自己等。

还有一些大学生在平时与人相处遇到困难时，把别人的方法或者自己以往的做事方式拿来死板硬套，不懂变通，浪费了大量的人力和物力，却使事情得不到一点进展。

约玛 · 奥利拉，1985 年加入诺基亚，任国际运营副总裁；1986~1989 年被任命为诺基亚公司财务高级副总裁，并成为执行董事会成员；1990~1992 年任诺基亚移动电话集团总裁；1992~1999 年任诺基亚公司总裁、首席执行官和执行董事会主席。在约玛 · 奥利拉的职业生涯里曾被称为诺基亚的"败家子"，然而正是因为他诺基亚才获得成功。

诺基亚公司坐落在北欧一个不起眼的国家芬兰，但却是一个在世界上响当当的大企业。1998 年 8 月的一天，位于芬兰赫尔辛基西部的诺基亚总部里一片欢腾，人们在庆祝诺基亚的销售网络在全球的覆盖面超过了麦当劳、诺基亚在全球的 10 个国家都建有二厂，在 45 个国家设了销售处，员工数量达到 4.8 万名，产品销往 130 个国家，比麦当劳还要多出 15 个国家。所以，大家打开了一瓶又一瓶的香槟举杯庆祝。

然而，诺基亚的成功和诺基亚总裁约玛 · 奥利拉的变卖家产分不开。1993 年时，移动通信之外的部门被通通卖掉！因为只有这样才能保证移动网络和移动电话业务的持续发展。但是，当时好多人认识不到这一点。所以此令一出，立即遭到大家强烈反对，尤其是那些老员工，大骂奥利拉是"败家子"。但奥利拉并没有改变自己的决策，他真的行动了，他开始变卖诺基亚的许多部门，只保留那些关键部门。每售出一个部门，诺基亚的老员工就会减少一些。随着放弃的部门相继被出售，诺基亚的队伍也变得越来越年轻。

很快所有芬兰人都意识到"败家子"约玛 · 奥利拉的决策实际上是十分有创意的。约玛 · 奥利拉快速而坚定地转向电信业的发展规划和出售诺基亚其他部门的"败家"行为将使诺基亚步入快车道。而奥利拉这一离经叛道的创新手笔换来的是诺基亚的空前成功。

在诺基亚发展面临十字路口时，约玛·奥利拉勇于改变观念，引导诺基亚走向良性发展的道路，从而改变了诺基亚的未来。

在我们每个人的人生发展道路上，都难免会遇到"瓶颈"问题。这时，谁先改变观念，率先正确抉择，谁就有可能在竞争中胜出。然而，很多大学生却缺乏这样的思维方式，这样就会限制他们的思路和行动。缺乏创新将是未来职业发展的一大弊端。因为同一件事情，换一种角度和方式来做，效果往往有很大的区别。

面临困局，思路对，就会柳暗花明；思路错，就会山重水复。在面临人生的十字路口时，只有勇于打破旧规才能开辟新的方向，如此，你才会在大学四年及以后的人生道路上顺利发展。

【企业家忠告】

1. 换角度想问题

思路决定出路，想法决定活法，你能想到别人想不到的，才能做到别人做不到的，这样，你才会得到别人得不到的回报，不仅仅管理企业如此，对自己人生的管理亦如此。

2. 打破陈旧思路

要改变人生必须打破陈旧思路，引发更新、更有价值的观念，这样你才能突破现实的阻碍，扭转人生的平凡际遇，获得成功。

3. 培养创新思维

大学生缺乏创新意识的主观原因是缺少创新意识和创新欲望，所以，大学生要培养创新思维首先要树立创新意识，其次要敢于质疑原有的条条框框，这样才会有利创新思维的培养。

第10章
理财——一门你不得不学的课

　　著名教育家、思想家孔子说: "君子爱财, 取之有道; 君子爱财, 更当治之有道"。股神沃伦 • 巴菲特说: "一生能够积累多少财富, 不取决于你能够赚多少钱, 而取决于你如何投资理财, 钱找钱胜过人找钱, 要懂得让钱为你工作, 而不是你为钱工作。" 理财专家说: "会挣钱, 不如会理财, 你不理财, 财不理你。" 这些都说明了理财的重要性, 理财是人生的一大部分, 不懂理财的人迟早会被社会所淘汰。

　　思路决定出路, 大学阶段就开始培养正确的理财观和理财态度, 不仅影响我们以后的生活质量, 还会对我们之后的人生产生重大影响。所以, 在大学, 一定要学好理财这门课。

理财能力已成为时代的要求

作为天之骄子的大学生懂得理财吗？经济学家曾提出这样的疑问。调查发现，大学生群体的财商存在着不同方面、不同程度的失衡情况。15.1%的大学生无法保证收支平衡，7.9%的人表示从来没有想过收支问题。

财商失衡的大学生主要分为以下四类：

"温室组"。认为自己财务状况良好。这些大学生不知道也不关心自己家庭的年收入和支出状况，甚至记不清自己上周的财务支出，他们多是不缺钱花的学生，且从家庭中获得的财商教育不足。

"财盲族"。虽然有或清晰或模糊的理财意愿，但缺乏理财知识，对理财的具体方式了解甚少。

"懒惰族"。因为懒惰不能做出理财实践，这些大学生缺乏理财知识，短期内不懂理财需求，不重视理财，而且就算理财也坚持不了多久。

"月光族"。这些大学生难有结余，不懂如何投资理财。尽管他们中也有人有强烈的理财愿望，但是这些大学生往往有多少花多少，少数还有债务，没有多余的钱来进行储蓄或者投资。

喻芝兰，现任远东商业银行财富管理副总经理。喻芝兰非常重视理财，她认为，理财就和投资自己一样，要愈早愈好。

喻芝兰说："很多朋友受到消费诱因和生活形态改变导致无财可理，他们认为人应该'活在当下'，但是我认为，只要找到行之有效的执行和管理方法，美梦绝对可以成真。"

在家庭理财上，喻芝兰实行"用钱321法则"和搭配"累进式定期定额投资"与"专款专用"投资法。所谓用钱321，就是把收入分为6等分，一半用于所有的生活支出，1 / 3用于生活储蓄，1 / 6用来投资自己，增强自己的核心竞争力，争取在三五年中让自己的薪水倍增。

丰厚的财务专业知识，使喻芝兰可以在2011年第一季的投资报酬率高达9%。她将自己的资金分为教育、退休赡养、房贷、生活支出及纯投资五个账户，专款专用。喻芝兰强调投资必须选择自己熟悉的产业，她的投资账户则为债券、保险及全球性股票，她也投资了自家银行的股票。

喻芝兰认为专款专用的优点可以让我们清楚地了解为每个梦想储备的金钱是否充足，生活中的紧急开支如结婚、购物、留学等会不会挤掉未来重要项目的钱。她还认为最好为自己的专款命名，取一个有意义并且鼓舞自己存钱的名字，这样可以增强自己存钱的毅力。

在喻芝兰的专款专用清单里，除了为女儿和儿子准备的教育基金，还有一个专款的名字叫"汤花恋"，那是喻芝兰专门用来退休后姐妹淘或和另一半泡温泉用的，她期望自己在职场努力工作多年后，自己的退休生活能美丽而饱满，就如她曾说过的那样，理财规划要追求人生快乐的最大化。

喻芝兰认为理财就犹如投资自己一般，要越早越好，而且，正是由

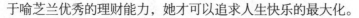

于喻芝兰优秀的理财能力，她才可以追求人生快乐的最大化。

理财可以帮助你在人生的坐标里寻找财富的元素，理财规划是收支平衡的"调节器"，避免你入不敷出；理财是财富增长的"助推器"，使你积累财富；理财规划是经济生活的"解压器"，帮你缓解生活压力；理财规划是规避经济风险的"防火墙"，防范你的财务风险。

大学生理财已经成为一个越来越受重视的问题，但现在的大学生普遍存在财商教育引起的财商失衡现象。财商教育的缺失阻碍了大学生对于理财的正确认识和有益实践，这对于大学生将来的全面发展很不利。

不懂理财是当代大学生的一大弊病，如果在步入社会后才开始理财，其实已经太晚了。所以，从现在开始就培养自己的理财意识是新时代的需求，让大学生可以及早懂得"钱"的意义。

【企业家忠告】

1. 学会和银行打交道

你可以选择最保守、最安全的理财方法——定期存款。定期存款是节流的第一步。你可以开一个个人储蓄账户，每个月存入一些钱，采用零存整取的方式，这样一学期下来，你也会有一定的结余。

2. 开源节流很重要

"开源节流"是很多理财师规划书上的首要建议，对于你来说，做好开源和节流同样重要。"开源"可以弥补你资金不足带来的尴尬。在大学里帮老师做研究，在企业里兼职都是不错的开源方式。

3. 尝试一些小投资

除了勤工俭学，你还可以尝试一些小投资，如股票、基金定投等，不仅为了挣钱，更多的是一种"演习"，通过这些"演习"，你可以更好地了解投资市场，为将来步入社会进行投资积累经验和教训。

给自己准备一个账簿

"不知不觉钱就没有了"，这是很多大学生谈到自己的生活费用时最多的抱怨。上网、旅游、买衣服……衣食住行方方面面都需要花钱，在"物质条件极大丰富"的今天，很多大学生都感叹刚开学时还"钱包鼓鼓"的，可仅仅两个月过去，就已经"青黄不接"了。

现在很多大学生花钱都大手大脚，每到学期结束的时候都紧巴巴的，甚至借钱过日子。但是，如果你问起这些大学生把钱花到哪里去了，他们自己也说不清楚。不够的时候就向父母要钱，可是钱寄来后不知不觉地两天又花了一大半。这些大学生都是不记账的，就算是记账往往也会坚持不久就放弃了，在他们看来每天的生活千篇一律，没有什么好记的。

中国有句老话"富不过三代"，但是，洛克菲勒家族，从 J·D 洛克菲勒成为美国历史上第一个亿万富翁开始，经历了 150 年，依然如日中天，独"富"天下。洛克菲勒非常节俭，16 岁时就花一毛钱买了个小本，记下自己的每一笔开支和收入，他一生都将账本看成自己最珍贵的东西。1864 年，洛克菲勒同 24 岁的高中同学劳拉结婚，买结婚戒指才花了 15.75 美元，这笔开销记在"杂项开支"项下。

拥有亿万财富的洛克菲勒家族，为了避免孩子被家族的光环宠坏，非常重视对孩子的教育，他们有一套祖传的教育计划。在洛克费勒家，七至八岁的孩子每周只有三角零花钱。到 12 岁的时候每周只有三元。在每周发放零花钱的同时，还发给每人一个小本，记录零花钱的支出用途。当下次领钱时需要孩子们将账本交给家长审查，记录清楚并且用途正当的下周增发五分钱，反之，则扣发五分钱。

小洛克费勒小时候靠做家务来赚零花钱：打苍蝇 2 分钱，削铅笔一角钱，保持园中小路的干净是每天一角钱。等他长大后，完全继承了老洛克菲勒的育子经，并把它发扬光大。他鼓励孩子劳伦斯等做家务：逮到走廊上的苍蝇，每 100 只奖一角钱；捉住阁楼的耗子，每只 5 分，背柴禾和劈柴禾也有价钱。尽管出生在美国最富有的家庭，小洛克费勒的孩子们一直保持着勤俭的美德，这得益于他们的家庭环境。小洛克菲勒一直像父亲一样，定期翻阅孩子们的账本，检查他们的各项支出是否合理。一次温斯罗普放假回纽约，同行的同学看到他在记账本上写道：这罐饮料多少钱，那道菜多少钱，火车票多少钱……因为回家后父亲会检查，同学感到十分惊奇，他想不通，这家人这么有钱，温斯罗普还记这些鸡毛蒜皮的事情做什么。可是，他不知道，记账对于洛克菲勒家族的人已经是习惯成自然。

洛克菲勒家族能够富过六代的很大一个原因是从小培养孩子们正确的财富观，让孩子们记账培养孩子们的节俭意识。

记账是个看似琐碎的生活习惯，但是却能帮助你了解你每一笔金钱的去向，使你免除不必要的花费，让你养成节俭的习惯。甚至还可以让你觉察到自己的"言行不一致"，进而改善自己的行为。

现在很多大学生不记账或者认为没有必要记账，都是缺乏理财意识的表现。在"物质条件极大丰富"的今天，独自生活在物质诱惑无限的城市，良好的消费理财观对大学生的成长非常重要。记账，可以让自己的消费更为合理，同时也有利于大学生养成良好的消费习惯和生活习惯。

【企业家忠告】

1. 列出你的必要支出

将你每个月的必要支出提前列出来，并做出预算。这样，当你有不必要的消费时，你就可以更有效地通过账单提醒自己，让自己养成科学的消费习惯。

2. 定期检查你的账本

记账的根本目的是为了避免不合理的开支，让自己有更多的结余。通过记账，你可以规划出每个月的预算。然后定期检查记账本上的每一笔开支，提醒自己不要超过预算。

3. 记账贵在坚持

计帐的动作很简单，但是贵在坚持。这样，才会更有效地监督你的消费，让你真正养成理财的习惯。

学会商业投资

关于投资，很多大学生没有投资意识，他们号称"月光族"，一般是有多少钱花多少钱。还有 15.2% 的大学生认为投资理财就是收支平衡。由于对理财产品的片面认识，有 66% 的大学生有余钱进行投资时，会首选股票。调查显示，大学生愿意尝试参与股市的重要原因，并不是因为他们很了解证券市场，而是因为股票投资在社会大众中认知度较高，并且能够获得较高的预期收益。他们基本上不了解其他例如基金等投资方式。

沃伦·巴菲特，全球著名的投资商、富豪。2008 年，《福布斯》排行榜上沃伦·巴菲特的财富超过比尔·盖茨，成为世界首富。沃伦·巴菲特能成为世界首富的一个重要原因是因为他从小就极具投资意识，他钟情于股票和数字，满脑子都是赚钱的想法。五岁时他就在家中摆地摊兜售口香糖。年龄再大一些后他带领小伙伴到球场捡大款用过的高尔夫球，然后转手倒卖，生意颇为红火。

11 岁时，巴菲特在父亲做经济人的公司开了户，做了人生中的第一次股票投资，以每股 38 元的价格买进了一种公共事业的股票，不久之后，这种股票的价格上升到 40 美元。巴菲特将股票抛出，除去 1 美元的佣金，巴菲特获得了 5 美元的纯利润，虽然赚得不多，但是他十分高兴。

巴菲特经常和他的朋友一起玩弹子机，有一天，巴菲特玩游戏的时候想弹子机也可以用来赚钱。于是他和朋友丹尼用自己存的零花钱买了两台弹子机放在街头生意最好的一家理发店里，并和老板谈好五五分成。玩弹子机的人非常的多，十分赚钱，于是巴菲特和丹尼又拿出自己积攒的钱买了 7 台，这样一来，他和丹尼每人每月都能拿到 200 美元。游戏机的投资成功让巴菲特对投资产生了强

烈的信心，他明白自己未来的发展方向就是投资。他已将投资作为自己未来明白无误的职业方向。所以，他开始如饥似渴地读一些商业类的书，规划着达到目标的道路。

1962年，巴菲特投资公司的资本达到了720万美元，其中有100万是属于巴菲特个人的。1964年，巴菲特的个人财富达到400万美元，1967年，巴菲特掌管的资金达到6500万美元。2011年，沃伦·巴菲特以净资产500亿美元位列福布斯排行榜第三名。

巴菲特是有史以来最伟大的投资家，他依靠股票、外汇市场的投资，成为世界上数一数二的富翁。他倡导的价值投资理论风靡世界。

巴菲特能够成为世界上数一数二的富翁的重要原因正是他先进的投资理念和独到的投资眼光。

投资作为一种理财方式代表着一种生活态度和生活方式，一笔恰当的投资会给你以后的生活带来极大的好处，甚至让你受益终身。

多数大学生没有投资意识或者不懂得投资，他们对投资的认识仅仅局限于股票，表明大学生对于理财产品的认识比较片面，这也是大学生财商失衡的一个重要表现。其实，除此之外，还有很多投资理财的方式可以在大学阶段就着手进行，没有多少钱也可以进行，就要看你有没有理财的头脑。很多人认为进入社会后再开始着手投资也不算晚，而其实真正的富翁却是在校园里就开始了最初的投资理财。

【企业家忠告】

1. 做一笔投资

大学生投资具有一定的风险，是一种大胆的尝试。

但是可以对以后的个人理财起到"投石问路"的作用，而且还可以为你带来客观的物质收益。

2. 投资保险

保险本身就有保障功能，尤其是人身平安险、健康险等，大学生投资这类保险，不仅能够保障自己的人身安全，还能获得比定期存款更高的投资收益。

3. 尝试基金定投

如果你的赚钱能力很强，不妨尝试一下小额基金投资，学会资金开源，不仅可以提高你的个人理财能力，而且风险较股票低，收益比银行存款高。

在校园就挣得人生的第一桶金

现在创业意识在大学校园中已不再陌生，很多大学生都有强烈的创业激情，但是真正敢于实践并让梦想成为现实的却极少。除了社会经验缺乏和资金制约，还有一系列的问题制约着大学生创业。总结起来有以下几种：

感性大于理性。很多大学生仅凭个人热情就进入创业大潮，但没有考虑自己行动起来的后果，只是凭着感觉走，却不善于参考过来人的经验。

想法多，实践少。刚开始激情万丈，摩拳擦掌，但很快就显出各种问题，如：不善于经营，缺乏创业能力等，这使得大学生很快心灰意冷。

随众不创新。没有想法做新项目，都是追风做热门的。如：家政、包车、组团旅游、网页制作、电脑维修、开店等。如此便造成一种现象，就是过度竞争，造成创业的艰难。

缺乏市场风险意识。大学生创业更关注的是创意和团队，以及资金等，但是对风险问题考虑很少。

迈克尔·戴尔，是美国第四大个人电脑制造商，他名下的子公司遍布全球16个国家，年利润达到20亿美元，他是500名巨富中最为年轻的公司老板。

在迈克尔·戴尔还是一个初中生的时候，他就赚得了自己人生的第一桶金。他在集邮杂志上登广告搞邮票交易，净赚2009美元，用这笔钱，他购得了自己人生的第一台个人电脑。

读高中的时候，迈克尔·戴尔是休斯敦《邮报》征订订户，他认为新婚夫妇会是报纸的最大主顾，所以他雇请一些朋友复印一些新婚夫妇的名单，然后给每一对新人寄信，并随信附上一份两星期的个人订单。用这种方法他居然赚够了买一辆BMW轿车的钱。

18岁那年，迈克尔·戴尔进入大学，他决定为自己赚一些零花钱。他发现当时最为流行的就是个人电脑，每个人都想拥有一台，但是由于零售商的售价太高，大家都只能望电脑而兴叹。戴尔这时想到要到大厂家直接购买然后再卖给大学生。他知道IBM的推销员每个月都有电脑的销售定量，但是他们大多完不成，于是，他直接从推销员那里按照出厂价买回了电脑，然后自己对这些电脑进行一些变动以迎合用户的口味。在学校里，他和另外两个同学同住一个宿舍，寝室被他弄得犹如货场，箱子如山，工具电路板到处都是，他每天除了上课都在改装自己那些电脑。戴尔在报纸上登了广告，供应改造过的电脑，但是价钱却比零售商要便宜得多，庞大的市场需求让他的电脑供不应求。戴尔把自己的汽车行李箱当成了货仓，卧室当成了小工厂。很多商人、医生都成了他的主顾。那年感恩节过后的一个月，他疯狂地卖电脑，这时他的个人收入每个月已经达到 5 万美元。

19 岁那年，他成立了戴尔电脑公司，想要和 IBM 竞争，仍以直销的形式按照订货要求改装 IBM 的 PC 为主。他每月卖出 1000 台电脑，到他大学毕业的那一天，他的销售额已经达到 7000 万美元。这时戴尔已经不再改装其他公司的机型产品，开始设计组装自己的产品。

迈克尔·戴尔能够成为美国第四大个人电脑制造商，500 名巨富中最为年轻的公司老板。很重要的一个原因就是他超前的商业意识，在上学时期就赚得了人生的第一桶金。

现在很多大学生具有创业意识，这是很好的。但是创业凭借的不仅仅是个人热情，还有优秀的经营管理经验和创业素质。更重要的是不怕吃苦的个人奋斗精神和坚定的意志。这些都是很多大学生创业者所缺乏的。有些大学生创业者喜欢随众，做大部分人都在做的项目，这样的竞争局面，有时甚至发展成恶性竞争。而缺乏风险意识更是创业者的大忌，这本身就意味着对创业认识不够清楚，因此，很难创业成功。

创业是未来个人积累财富、实现自我价值的一种极好的工作方式，相对于传统的"打工"、"公务员"等工作方式，创业是比较吸引人的，但是大学生更应该认清当下的经济形势，明白自己的能力和特长之后再进行创业才更为稳妥。

【企业家忠告】

1. 了解市场规律

了解市场规律是每个创业者必须先做的功课，俗话说，知己知彼，才能百战不殆。对市场规律的充分了解有利于你有的放矢，并及时改变你的经营模式，这样你会更容易成功。

2. 多做实践

在大学时期，多做一些兼职，参加社会实践，它能够帮助你更好了解市场和各种项目的经营模式，还能增加你的社会经验，为你以后的创业奠定良好基础。

3. 树立风险意识

创业是一定会有风险的，因此创业者应该牢记市场无时无刻不存在风险，以防患于未然。

从玩乐中窥见财富

在大学里，当电脑和网络越来越普遍，一大批的学生网游大军也就随之诞生了。这些大学生平日无精打采，一上网就精神亢奋，常常整个宿舍的人都不去上课，大家窝在宿舍里玩得天昏地暗，在游戏网站一待就很难出来，从早上玩到晚上，然后从晚上再到早上，饿了就啃块面包，渴了就喝点矿泉水，只有实在累得坚持不住了才会停下来休息一会。但是几个小时后，又很快投入到网游游戏中。这些痴迷游戏的大学生热衷于练级，买装备、升级，每个月的生活费都贡献给了游戏开发商。

从玩游戏中可否得到有利于他们发展的东西？简直是天方夜谭。这些大学生常常昼夜颠倒，生活无规律，视力严重下降，更有甚者，分不清游戏和现实。他们不仅荒废了自己的学业，还严重损害了自己的身体。

陈天桥，盛大董事长兼首席执行官，全国政协委员。2004 年，盛大在美国纳斯达克上市，陈天桥遂跻身中国首富行列。陈天桥的发迹是开始于网络游戏《传奇》。

陈天桥从复旦大学经济系毕业后参加工作，踏入社会的陈天桥进入了上海陆家嘴集团。从子公司的副总经理开始，直到晋升为集团董事长兼总裁王安德的秘书。在总裁的办公室里，陈天桥比一般人更早地接触到互联网。那时，大多数中国人还不知道互联网和电子邮件为何物，但是在陆家嘴集团的总裁办公室里已经可以 24 小时上网。当总裁不在办公室的时候，作为总裁秘书的陈天桥就开始在网上体验冲浪的感觉。

经常上网，陈天桥难免就学会了玩游戏，玩网络游戏在那段时间里成了陈天桥的最爱。陈天桥太喜欢玩游戏了，在总裁的办公室里玩已经不能满足他的游戏瘾了。他干脆买台电脑回家，每逢周末，什么都不做，关上家门，玩个天昏地暗。但是一个人玩，难免会比较无趣。所以，每逢节假日，他必定呼朋唤友，来到家里一起"操练"，通宵达旦，除了上厕所和吃饭都不离开电脑。最厉害的一次，他连续玩了七天七夜没有合眼。

1999 年是资本疯狂涌向互联网的一个年份，陈天桥从当年疯狂玩游戏的举动中窥见了商机，决定投身网络。这一年，陈天桥以 50 万元启动资金和 20 名员工为基础，创立了盛大网络有限责任公司，开始运作 stame.com。因为陈天桥了解游戏，也了解玩家，在 2001 年的时候，盛大正式涉足网络游戏，以 30 万美元取得韩国 Actoz 公司旗下网络游戏《传奇》在中国的独家代理权。陈天桥压上了整个公司的信誉和前途，从九月开始，经过两个月艰辛的游戏测试，11 月的时候游戏开始收费，仅仅一个月，《传奇》的投资就已完全收回。盛大活了，陈天桥的财富传奇就此开始。其后，盛大以优质的服务、严格的密码保护等核心竞争力一举成为中国网络游戏业的领头羊。

陈天桥就是这样通过玩游戏，从游戏中发现商机，让单纯的玩乐转变成了财富。

这个时代崇尚个性，求得财富的形式也各异，如果符合大众心理，紧跟时代发展的脚步，那么，把娱乐和财富结合起来也不失为一种获得商机的途径。

从玩乐中窥见财富是指让自己放松娱乐的时候，发现成功的机遇，然后抓住机遇，让机遇转变为成功。这种形式让我们在得到精神愉悦的同时，也收获到物质财富。我们说，适度地玩游戏可以放松自己，训练大脑，但是过度沉迷则有百害而无一利。大学生站在新思想、新技术的前沿阵线，如果能够带着探索发现的眼光来玩游戏，那么，也许会有不一样的收获。

【企业家忠告】

1. 不要沉迷于游戏

单纯地沉迷于游戏 不仅会让你一无所获，还会让你提前衰老。你不仅浪费了宝贵的时间和精力，还荒废了学业，失去了健康，有百害而无一益。

2. 要有独到的眼光

只有眼光独到，你才能在玩乐中发现别人没有发现的机遇。从同样的机遇中看到他人看不到的东西。这样，你就能在意识上领先于他人，距离成功更近。

3. 迅速行动

发现了机遇就要迅速行动，这样，才能抢占成功的先机。在机遇来临时，先于他人一步投入实践，你就多了一份成功的胜算。

节俭要从细节做起

节俭是一项美德，但是现在很多大学生不懂得节俭，认为没有必要节俭。在大学里，浪费的现象随处可见。有些大学生家庭条件比较优越，从小花钱大手大脚惯了，上了大学和原来一样，甚至变本加厉。还有一些大学生，虽然自身家庭条件一般，但是上了大学后受到周围人的影响，也开始大手大脚起来。

这些大学生以花钱大方为荣，节俭则被视为不合时宜的可笑行为。这些大学生的手机、电脑等电子用品永远是最新款的；他们从来不在学校的餐厅吃饭，而选择外面较贵的饭馆；平时穿衣穿鞋必须是名牌；考证时随便报个什么班，等着不复习也能过；动不动就买水买饮料，从不喝白开水；出门必打车，公交车是不可能乘的。

美国家居仓储公司由伯尼·马库斯和亚瑟·布兰科创立以来，距今已经20多年，伯尼·马库斯和亚瑟·布兰科为公司制定了"拥有最低价格、最优服务、最好服务"的制胜概念，这一优秀概念的实施使公司在短短20年内获得巨大增长，由亚特拉达的4家商店发展成为全球500强企业。

执行副总裁兼行政总监罗·布里尔从公司创业之初就一直负责公司所有非零售物品的采购，他是公司的财政管家，负责需要审批的采购物品，并定期向总裁报告财政现状。

在20世纪90年代中期前，为了避免产生额外支出，布里尔一直禁止公司在商店里配备复印机和打印机，并且，在公司里也没有能够放置复印机的办公室。

公司的财政理念是，如果不注意个位数，那么这些小钱很快就会累积成为千位甚至万位的大钱。目前美国家居仓储公司在全美拥有1000家商店，这就意味着，每家店增加一笔开支，总公司就要增加这笔开支的1000倍，所以公司每增加一项开支首先要确定能获得回报。

作为公司的财政管家，布里尔在1996年4月提出了一项新的战略评估，由此大大提高了公司新开发商店的财政效率，使每家店的财政支出下降了10000美元。这样算下来，如果一年开100家或

200 家新店的话，节省下来的数目就庞大得惊人。

罗·布里尔是美国家居公司对付财政开支的秘密武器。他总是对每一份递交上来的财政审批说不，并且在你讲出你的理由之前，他已经说了不。你要花公司的钱，不得不列举充分的十大理由，只有你理由充分，他才会拉开他的钱包。

美国家居仓储公司能够在短短 20 年的时间里迅速发展，成为全球 500 强公司，除了善于经营，还有一个重要的原因就是它的财政管家罗·布里尔的节俭。

节俭不仅是一种理财方式，更是一种生活方式。它可以教会我们有效地管理自己的金钱，帮助我们在与财富的长久、良性的互动中获得永续的"恒财"。

犹太商人向来看重点滴累积的"恒财"，世界股神巴菲特、世界亿万巨富洛克菲勒……无一不是靠"恒财"实现了今天的金融地位。他们认为，实现财务自由的第一步是守住你手里的钱，第二步是让它动起来。复利是"恒财"的加速器，这是一种可持续的财富增长方式。

也许有人认为，有钱的话还怕花完吗？不知你是否知道泰森，他是世界拳王，被媒体称为"世界上最棒的印钞机"。他可以在 10 分钟 41 秒的比赛时间里挣到几千万美元，其速度比印钞机制造钞票的速度还要快。10 年间，他就创下了 2 亿美元的巨额财产。然而，这台"印钞机"却是个不折不扣的"散财童子"，几年之间，他很快便将这些钱挥霍一空。结果，他的生活一落千丈，据说现在沦落到靠卖唱来赚钱！

现在很多大学生不懂得节俭，奢侈浪费，花钱如流水，甚至视节俭为不合适宜的行为，体现了一种不端正的生活态度和价值理念。这些既不利于合理健康生活方式的形成，对他们将来的发展也极其有害。

【企业家忠告】

1. 控制你的支出

不要将你的必要开支和你的个人欲望混为一谈，必要开支是生活的必需品。但是，如果你还有很多为了满足自己欲望的花费的话，你的钱必定会花光。

2. 从细节做起

每一个细节的浪费，累积起来都会很大。比如，你认为一瓶饮料值不了多少钱，但是也许你没有算过大学四年你如果少买一瓶饮料，累积起来会是一笔不小的开支。所以，从细节做起，才会避免浪费。

3. 不买奢侈品

奢侈的后果是我们每个人都有目共睹的——那些放纵欲望，经常让自己入不敷出的人，往往会让自己的生活陷入困境。况且，现在的你并没有必要拥有奢侈品，何必用这些不必要的东西增加自己的财政负担呢？